BurkanaVerlag

Herausgeber:	Burkana Verlag
Text:	Wolf Schneider
Layout und Design:	Patrick Burth / Dominik Schneider
Lektorat:	Ulrike Schneider
Bilder:	Jörg Zogel
Gesamtherstellung:	BurkanaMedia
ISBN:	978-3-9812209-9-5

www.burkana-verlag.de
Tel. 0 49 22-99 00 82
E-Mail: redaktion@burkana-verlag.de

Wolf Schneider

STRANDUNG VOR BORKUM

Der Untergang der TEESWOOD

Neue und überarbeitete Auflage
nach einer Vorlage von Fritz Otto Busch

Illustrationen von Jörg Zogel

Mit einer persönlichen Dokumentation
von Vormann Wilhelm Eilers

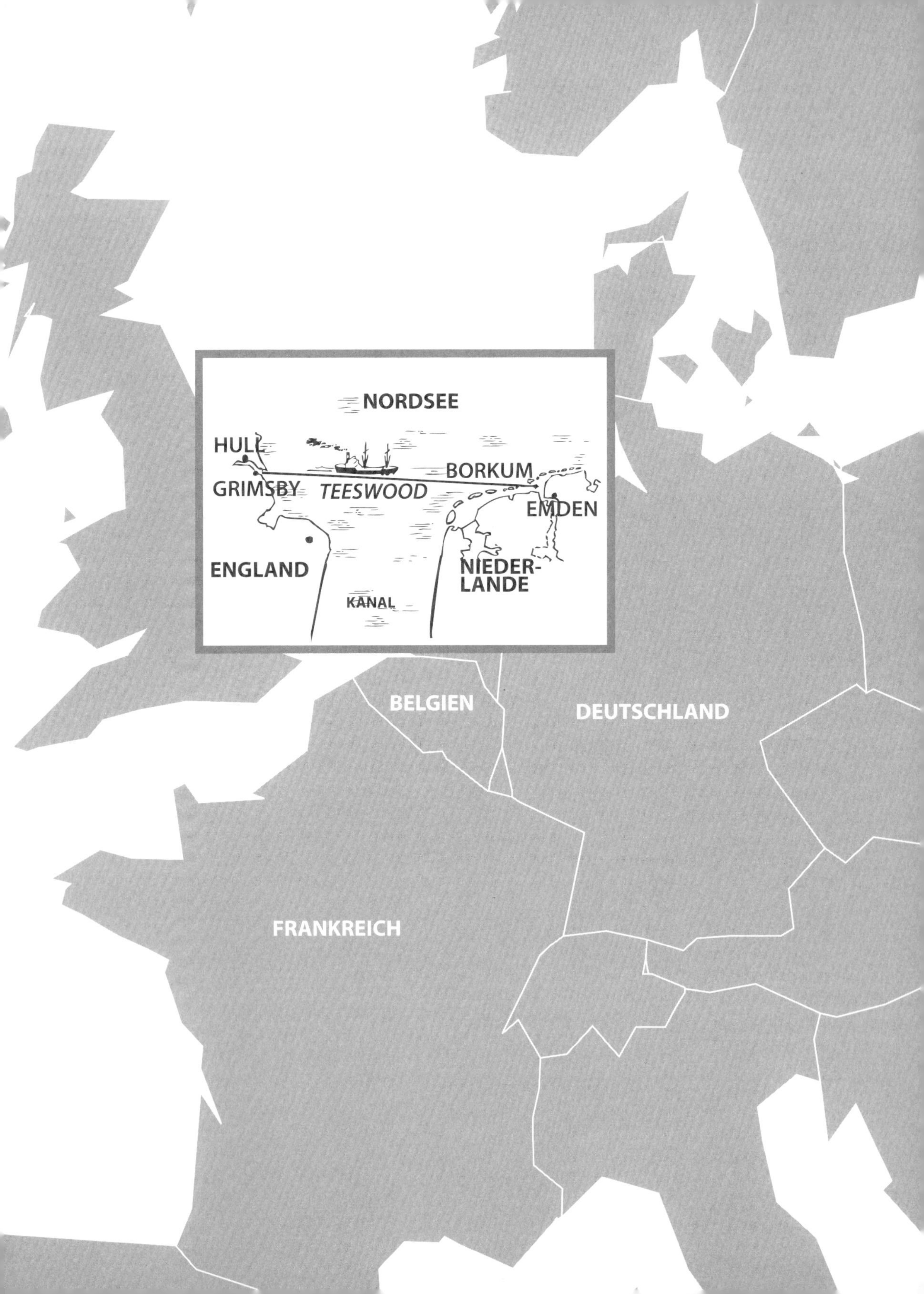
NORDSEE
HULL
GRIMSBY
TEESWOOD
BORKUM
EMDEN
ENGLAND
NIEDER-
LANDE
KANAL
BELGIEN
DEUTSCHLAND
FRANKREICH

INHALT

BORKUM
RANDZELGAT
ALTE EMS
STRANDUNGSSTELLE
TEESWOOD
ROTTUMEROOG
Voorentief
Hohe Hörn
Evermanngat
Ostland
Borkumer Wattfahrwasser
Randz
Altes Boesgatje
Blindes Re
Schutzhafen
Fischerbalje
Randzelgat
Hubertgat 15
Hubertgat 17
Horsborn-plate
Horsborngat
Horsborn-
sand
Möwensteert
Schild-
gründe
Schild
Uithuizer Watt

PROLOG

28. November 1951. Das Ende des 2. Weltkriegs ist erst sechs Jahre her. Ein Krieg, in dem sich Engländer und Deutsche in erbitterten Kämpfen als Feinde gegenüberstanden und sich gegenseitig die Städte zerbombten. Noch immer gibt es zu dieser Zeit in der Bevölkerung beider Länder große Ressentiments, Hass und Verbitterung gegeneinander. An diesem Tag gerät der englische Frachter TEESWOOD mit 15 Seeleuten an Bord vor Borkum in Seenot und sinkt. Doch wie auf allen Weltmeeren üblich, sind Seeleute immer für die anderen da, wenn die Not es verlangt. Also zögern die drei Rettungsmänner der Deutschen Gesellschaft zur Rettung Schiffbrüchiger Wilhelm Eilers, Christoffer Müller und Folkert Meeuw nicht und fahren mit der BORKUM trotz heftigstem Nordweststurm hinaus. Mit fast übermenschlichem Mut und großem seemännischen Können retten sie 13 Männer vor dem schon sicher geglaubten Seemannstod.

Im Jahr 1959 hat der 1971 verstorbene Autor Fritz Otto Busch das Geschehen in dem Buch „Strandung vor Borkum" aufgearbeitet. In diesem Jahr jährt sich die Rettungsfahrt der BORKUM zum sechszigsten Mal. Um an dieses Ereignis zu erinnern und die Rettungsmänner zu ehren, habe ich den Text komplett überarbeitet. Durch Gespräche mit dem Rettungsmann Christoffer Müller konnte ich Details einarbeiten, die dem damaligen Autor noch nicht bekannt waren und verschiedene Kapitel neu schreiben.

Ein besonderes Merkmal dieses Buches sind die Illustrationen des Borkumer Marinemalers Jörg Zogel. Der selbst als freiwilliger Rettungsmann aktive Maler schuf mit seinem expressionistischen Stil kräftiger Formen und Farben Bilder, die den Hergang der Rettungsaktion dramatisch und aussagestark beschreiben. Ich danke Jörg Zogel sehr für seine Arbeit. Meine Texte sind durch seine Bilder unmittelbar begreif- und fühlbar.

Ich danke dem Borkumer Seemann Hermann Eilers, Sohn des Vormanns Wilhelm Eilers. Hermann Eilers stellte mir mit einem bisher unveröffentlichten persönlichen Fotoalbum seines Vaters wichtige Bilder und Zeitdokumente für dieses Buch zur Verfügung. Und ich danke Andreas Lubkowitz, Pressesprecher der DGzRS in Bremen, der mir aus den Archiven der Gesellschaft das Original des Einsatzberichtes der Fahrt vom 28. November 1951, verfasst vom Vormann Wilhelm Eilers, zur Auswertung zugänglich machte. Ebenfalls danke ich dem Kapitän und Vormann Fritz Brückner, der darauf achtete, dass die Beschreibungen seemännisch korrekt wiedergegeben wurden.

Wie immer beim Schreiben gilt besonderer Dank meiner Frau Ulrike, die mit nicht endender Geduld die Texte lektorierte. Und mein Dank gilt den beiden Layoutern und Grafikern Dominik Schneider und Patrick Burth, die die schwierige Umsetzung von Text, künstlerischen Illustrationen und Dokumentationen großartig gemeistert haben.

Gewidmet ist dieses Buch allen Rettungsmännern, die seit 1862 ihren ehrenvollen und gefährlichen Dienst verrichten. Denn sie kennen ihren Auftrag: Menschen zu retten aus Sturm und Not.

Wolf Schneider   Borkum, Juli 2011

STRANDUNG VOR BORKUM

Der Sturm peitscht über die Nordsee. Alle Kraft hat er am Nordpolarkreis gesammelt und bei ihrem Weg über den Nordatlantik nimmt die Sturmfront an Kraft und Geschwindigkeit zu. Mit voller Wucht trifft sie auf das britische Festland, lässt sich aber nicht davon bremsen. Mit ungestümer Gewalt zieht sie über Schottland hinweg und nimmt Kurs auf die südliche Nordsee.

An diesen Novembertagen gibt es an der deutschen Nordseeküste kaum eine Dämmerung. Fast unbemerkt endet die Nacht in einem dunkelgrauen Morgen. Es weht bereits stark und hart aus Westen. Hinter den hohen grünen Deichen der Küste bei Neuharlingersiel treten die friesischen Bauern aus ihren Hoftoren. Sie werfen einen Blick auf die im Westwind rauschenden Rüstern und Eichen, die ihren stroh- oder schilfgedeckten Höfen Schutz geben. Henrich Tjarks, Besitzer eines Hofes in der Nähe des kleinen Fischerdorfes, nimmt seinen Jüngsten an die Hand und geht wiegenden Schrittes durch das Gras. Beide klettern den schmalen Pfad zur Deichkrone hinauf. Mit zusammengekniffenen Augen zeigt Heinrich seinem Jungen die weißleuchtende Grundsee, die sich weit in der Ferne in der Durchfahrt zwischen Spiekeroog und Langeoog aufzubäumen beginnt. „Dat givvt Storm op See, min Jong!" Ernst nickt der kleine Frerk: „Jau, Vadder! Dat schall woll wesen!" Frerk, erst acht Jahre alt, weiß, was das heißt. Er weiß wie alle Kinder der Küste, was es bedeutet, wenn das stille Watt zwischen Inseln und Festland Schaumköpfe zeigt. Er weiß, was folgt, wenn die Grundsee in den Fahrwassern zwischen den Inseln zu tanzen beginnt. Noch läuft Ebbe. Scharen von Möwen und Krähen picken eifrig im nassen Schlick oder sitzen in langen Reihen auf der Mole, die mit ihren groben Steinquadern weit ins Watt hinausläuft. Die Fischkutter im kleinen Hafen liegen noch trocken auf dem schlickigen Grund. Nur die nach oben zeigende schwarze Kegelspitze am weißen Sturmwarnungsmast neben dem letzten Haus von Neuharlingersiel weist mit drohender Faust auf das nahende Unheil: Sturm aus Nordwest. Vielstufige Giebel blicken auf die Masten der Boote und auf die zum Trocknen aufgehängten Fischernetze herab. Rauch kräuselt aus den Schornsteinen. Ein paar Fischer lehnen mit qualmenden Pfeifen an der Reling der Sielschleuse und sehen zu, wie die Magd des Gasthofs Spülwasser aus einem Eimer in den Hafen schüttet. Aus der Tür des Reedereibüros tritt der weißhaarige Reeder. Er zieht seine blaue Kapitänsmütze mit der Linken fester über den Kopf, wirft einen Blick über die dahinjagenden Wolken, nickt bedächtig und geht in den mit Klinkersteinen belegten Flur seines Hauses zurück. Ihm gehören ein paar Fischkutter und einige Schiffe, die Muscheln zur Kalkgewinnung aus dem Seegrund kurren. Zum Glück hat er heute keines seiner Fahrzeuge draußen. Beruhigt schreitet er durch den Gang zur Küche, in der auf dem Herd wie immer die Teekanne steht: „Tee, Modder! Storm op See!"

Vor dem großen Windsignalmast in Cuxhaven stehen zwei Männer. Sie tragen hohe weiße Gummistiefel, dicke Rollkragenpullover und dunkelblaue Mützen. Die beiden sind Besatzungsangehörige des großen Hochseeschleppers, der sich bei diesem Wetter klarhalten muss. Ein großes B auf dem Signalmast zeigt die Windverhältnisse für Borkum an: Der schwarze Pfeil steht auf Nordweststurm, und die über dem Riesenkreis ausgestreckten Flügel verkünden Windstärke 11. Kopfschüttelnd sieht der Ältere der beiden seinen Begleiter an: „Schwerer Nordweststurm, Ebbo. Wir werden wohl nicht lange mehr an der Pier liegen, schätze ich!“ „Ja, Hinnerk. Genau das Gleiche sagte der Alte vorhin zum Steuermann“, kommt brummend die Antwort. „Besser, wir gehen an Bord zurück, was?“ Sie werfen noch einen Blick über die weite Elbmündung. Ein Frachter läuft am Bollwerk der Alten Liebe vorbei elbaufwärts. Das etwa zwei- bis dreitausend Tonnen große Schiff rollt vor Seegang und Wind. In der Ferne erkennen die Männer weitere Dampfer, deren Masten, Aufbauten und Schornsteine über die Kimm wachsen. „Die werden froh sein, wenn sie Altenbruch-Reede hinter Cuxhaven erreicht haben“, meint Ebbo, der Jüngere. Unberührt vom Sturm passiert ein auslaufender großer Passagierdampfer Cuxhaven. Mit seinen Aufbauten, Brücken und der langen Reihe der Rettungsboote ragt er hoch aus dem Wasser. „Dem macht das nichts“, lächelt Ebbo. „Der wird draußen bloß ein bisschen stampfen, wenn er die See gegenan hat. Die meisten Fahrgäste werden ihr Mittagessen stehenlassen, in ihre Kabinen eilen und sich auf die Koje werfen. Das wird alles sein. Trotzdem, auf so einem Musikeimer möcht‘ ich niemals fahren: lieber auf unserer ollen ‚Wotan‘ einen richtigen Seemannsjob haben! Aber sieh mal den Finkenwerder mit dem dichtgerefften griesgrauen Segel, wie der sich beeilt!“ „Austernfischer“, bemerkt Hinnerk sachkundig. „Das sind fast die einzigen, die sich bei solchem Wetter um diese Zeit noch draußen herumtreiben.“ Beim Bollwerk der Alten Liebe dreht der große Segelfischkutter hart auf, nimmt das Segel weg und schießt, mit tuckerndem Motor mächtig schlingernd, in die Einfahrt zum Fischkutterhafen. Triefend nass ist das Ölzeug der Fischer. Die beiden Seeleute winken ihnen zu und gehen die wenigen Schritte zur Pier, an der ihr Bergungsschlepper „Wotan“ vertäut liegt. Nordweststurm, Windstärke 11. Das ist ein Sturm, der mit 25 bis 29 Meter in der Sekunde stündlich 90 bis 104 Kilometer zurücklegt und an Land Zerstörungen schwerster Art anrichten kann. Ein Sturm, bei dem früher die Großsegler im offenen Ozean Sturmsegel setzten und bei dem heute noch Dampfer kleiner und mittlerer Größe draußen beidrehen, sich mit dem Bug gegen Sturm und Seegang legen und mit laufender Maschine auf der Stelle zu halten suchen. Ein Sturm, der kleinere Fahrzeuge, Fischerboote, Küstenmotorschiffe und mittlere Frachter in den Schutz der Reeden zwingt, wo sie vor Anker gehen und das Ende des Unwetters abwarten müssen. Die tosende Nordsee ist mit ziehenden Schaumstreifen gezeichnet, ihre weißen Kämme werden vom Sturm zu feiner Gischt zerstäubt. Regen-, Hagel- und Schneeböen begleiten dieses typische Herbstwetter. Ein Wetter, bei dem die Notsignale gestrandeter oder in Seenot geratener Schiffe durch den Äther tönen - jene Signale, die die freiwilligen Rettungsmänner in die Boote rufen. Die Küstenfunkstationen haben schon gewarnt. Die meisten

Schiffe sind rechtzeitig vor dem mit schweren Böen daherjagenden Unwetter in die Elbe-, Weser- und Emsmündung geflüchtet. Jetzt stauen Wind und Flut das Wasser in den breiten Flussmündungen. Schon zur Zeit des Mittagshochwassers des 28. November sind in Cuxhaven das Deichvorland und einige Hafenstraßen überflutet.

Auch auf Borkum gehen die Fischer und Bauern zu den Dünen und Strandmauern. Besorgt blicken sie über See und Watt. Der Nordwestwind reißt dunkle Wolken über die See. Die breite Fläche des Watts ist mit Schaumstreifen bedeckt. Sie schickt brodelnden, salzigen Schaum zusammen mit träge daher rollenden Bündeln schwarzen Seetangs gegen den Saum der Wattweiden. Am Strand, über die zahlreichen Sände vor Borkumriff und in der Emsmündung röhrt die Brandung. Der Sand vor den Dünenhügeln der Insel zieht wie eine peitschende Decke über den Strand und wird vom Sturm in Streifen zerfetzt. Auf den niedrigen Dünenreihen biegt sich der graugrüne, harte Strandhafer zitternd im böigen Nordwest. Die Insulaner kennen diese Stürme, bei denen die See an der Borkumer Strandmauer hochgischtet und ihren Schaum bis zu den Hotels an der oberen Strandpromenade schickt. Sie wissen, dass die haltlose Heftigkeit des Unwetters eine ungestüme Kraft gewinnen kann, als schiene sie entschlossen, die kleine Insel in der Emsmündung aus dem Meer zu reißen. Die kleine Fähre wird heute nicht zum Festland fahren.

Im Dorf der Nordseeinsel öffnet sich die Tür eines Kinderheims, das auch während des Winters in Betrieb ist. Jungen und Mädchen gehen mit ihrem Lehrer die klinkerbelegte Süderstraße hinauf zum Elektrischen Leuchtturm. Je näher sie dem Strand kommen, desto mehr müssen sie sich gegen den Sturm stemmen, der über die See heranbraust. Sie sind schon halb außer Atem, als der Lehrer sie zum Halten auffordert und mit ausgestrecktem Arm auf den Signalmast neben dem Leuchtturm weist.

„Seht euch das an! Diese rote Warnflagge bedeutet Sturm, und zwar rechtsdrehenden Sturm." Fritz Brennecke, ein Berliner Junge, sieht zu dem roten Tuch hinauf, das dicht unter der Rah glatt an der Flaggleine ausweht. „Was heißt das: rechtsdrehend?", fragt er. „Wie der Zeiger der Uhr läuft, Fritz", erklärt der Lehrer, „also, an einem Kompass abgelesen, von Süd über Südwest nach Norden. Zwei rote Flaggen bedeuten das Gegenteil, also linksdrehend, entgegen der Bewegung der Uhrzeiger. Klar?" „Sicher, Herr Teerling. Klar wie Kloßbrühe."

Mia, eines der Mädchen aus Westfalen, hebt wie in der Schulstunde den Arm: „Und das schwarze Dreieck daneben, bedeutet das auch etwas Besonderes?" „Gewiss, Mia. Dreiecke bezeichnen die Windrichtung. Dieses Dreieck mit seiner Spitze nach oben bedeutet Nordwest. Das Ganze heißt also: Sturm aus Nordwest. Und den haben wir! Es begann mit Westwind, der nun über Nordwest gedreht hat. Der Bäckerjunge Dirk Akkermann hat das Signal gesehen, als ihr noch in den Betten lagt. Aber jetzt müssen wir weiter!"

Sie steigen hinab zur Strandmauer und gehen, gegen den seitlich hereinwehenden Sturm kämpfend, bis zur großen Strandpromenade vor den Hotels. Flut hat eingesetzt. An den Köpfen der vielen ins Meer hineinragenden Buhnen brandet die See. Näher und näher rückt sie vor und leckt schon über den weißen Strand. Möwen wirbeln wie Schneeflocken über den Buhnenköpfen, stoßen herab oder lassen sich mit weit ausgebreiteten Schwingen vor dem Wind treiben.

Auf Borkum-Reede suchen Küstenfahrer, breitbrüstige Tjalken, kräftig gebaute Fischerboote, Küstenmotorschiffe und kleinere Frachtdampfer Schutz. Sie liegen, leise stampfend, hinter ihren Ankerketten. An ihren Flanken gurgelt die See mit gelbweißem Schaum. Nach Mittag setzen Regenböen ein, die mit Hagelschauern wechseln. Mit ungeheurer Wucht peitschen Regen und Hagel daher, verwandeln den grauen Nachmittag zeitweise in das Dunkel der Nacht und nehmen jegliche Sicht. An der breiten, ziegelsteinroten Strandpromenade schlagen Brecher hoch. Mit Sand und Seetang vermischte lange Flocken fegen bis zur oberen Promenade. Am Nordstrand rollt eine schwere Brandung pausenlos über das Pfahl- und Steinwerk der Buhnen. Vor dem Südstrand beim Elektrischen Leuchtturm reiten mächtige hohe Brandungswogen einen Sturmangriff nach dem anderen.

Sturm auf See! Über den zahlreichen Sänden vor Borkum und der Emsmündung donnert die Brandung. Vom Fahrwasser des Hubertgat im Westen bis zur Osterems im Osten stürmt Brandungsreihe hinter Brandungsreihe über die Sandgründe der Hubert Plate, des weiten Borkumer Riffs, der Brauer Plate und des Juister Riffs. In der Seenot-Funkstation der Signalstelle Borkum herrscht Hochbetrieb. Von allen Seiten laufen Funk- und Telefongespräche ein, die der wachhabende Funker abnehmen und weiterleiten muss. Er hat alle Hände voll zu tun. Dabei ist er ein Glied in einer langen Kette. Überall an der Nordseeküste sind Männer wie er am Werk, aufs Äußerste angespannt. Sie haben jeden Notruf wahrzunehmen, der von Strandbeobachtern, Leuchtturmwärtern, Funkstellen oder den gefährdeten Fahrzeugen selbst eintrifft. Ein SOS-Ruf wird telefonisch, telegrafisch oder per Funk weitergegeben. Küste und Inseln sind in Bezirke eingeteilt. Der betreffende Bezirk gibt dann unverzüglich die nötigen Anweisungen zur Rettung der in Seenot geratenen Schiffsmannschaft. Noch ist kein Notruf gehört worden. Was einläuft, sind die üblichen Wettermeldungen, Mitteilungen und Fragen der Stationen.

Es ist Nachmittag auf Borkum – Wachwechsel in der Seenotwache. Funker Karl Kasten betritt die Station. Aufatmend erhebt sich der Wachhabende Heinz Hedden, reckt die Arme und gähnt. „Nichts Besonderes los, Karl, Gott sei Dank!“ Dann übergibt er seinem Kameraden die Wache. Die Uhr über dem Tisch mit den Instrumenten zeigt vier Uhr nachmittags.
„Hoffentlich bleibt das so“, meint Kasten stirnrunzelnd. „Sauwetter draußen und schon fast dunkel. Mich hat‘s beinahe von der Süderstraße geweht, kann ich nur

sagen. Sieht ganz so aus, als ob es noch schlimmer würde." „Wetten, dass die Bergungsschlepper in Cuxhaven schon seit gestern klarliegen? Und unser SEEFALKE hängt auch bestimmt aufmerksam am Funk." Hedden zieht seinen schwarzen Ölmantel über. „Tee steht auf dem Ofen", sagt er und geht. In der Tür dreht er sich noch einmal um: „Mach's gut, Karl" „Um Himmelswillen, raus mit dir! Hier fliegt ja alles davon", schimpft Kasten und bückt sich, um die im Raum umherflatternden Funkformulare aufzusammeln. Seufzend nimmt er die Teekanne vom Ofen, gießt den dunkelbraunen, mit Kandis gesüßten Tee in eine blaugemusterte Porzellanschale, schüttet Milch dazu und lässt sich vor dem Lautsprecher der Radio-Telefonie-Anlage in den Sessel sinken. Den abgelösten Heinz Hedden empfängt draußen der Sturm mit voller Wucht. Gegen den wütenden Nordwest eilt er den schmalen Ziegelweg der Süderstraße entlang. Stiebender Dünensand überweht ihn, mühsam kämpft er sich ins Dorf zurück. Er denkt an seinen Kollegen, der nun auf Wache aufmerksam neben den Telefonen vor seinem Lautsprecher sitzt. Jeden Augenblick kann ein Anruf kommen, ein Telefon klingeln und eine Seenotmeldung die Küste alarmieren. Er weiß, dass jetzt sämtliche Funkstationen - die großen Funkstellen von Norddeich-Radio, von Elbe-Weser-Radio bei Cuxhaven und alle Seenot-Funkstationen - besetzt und in voller Bereitschaft sind. Schnell sinkt die Dunkelheit über die von der See umtoste Insel. Vom Signalmast leuchten die beiden roten Laternen des nächtlichen NW-Sturmsignals durch den Regen, der vor dem Sturm dahinfegt.

300 Meilen weiter westlich. Die meilenbreite Mündung des Flusses Humber, dort, wo die englischen Grafschaften Lincolnshire und East Riding of Yorkshire zusammenstoßen, ist aufgewühlt. Der schwere Weststurm hat Irland hinter sich gelassen und treibt niedrig hängende Wolkenmassen vor sich her. Sie jagen über die Küste seewärts Richtung Osten, hinein in die Nordsee. Wind gegen Springtide, die gegen den Sturm anläuft, lässt hohen Seegang aufkommen. Einige stämmig gebaute Trawler, Schleppnetz-Fischdampfer, die noch um diese Jahreszeit unter der isländischen Küste dem Kabeljau, dem Rotbarsch und dem Seelachs aufgelauert haben, stampfen dem großen Fischereihafen Grimsby zu. Mit ihrer vollen Ladung liegen sie tief im Wasser, und bei jedem Eintauchen des Bugs schäumt die helle See über Vorschiff und Brücke. Aus ihren salzverkrusteten Schornsteinen quillt schwarzbrauner Rauch, den der Sturm in Fetzen reißt und davonwirbelt. Zwei Passagierdampfer laufen aus und passieren das Kap Spurn Point an der Yorkseite der Mündung. Sie rollen vor dem Seegang. Auf der Brücke sind einige Männer zu erkennen. Sonst aber zeigt sich bei diesem Wetter niemand an Deck der beiden Fahrzeuge.

Vorbei am Südufer des Humber läuft ein kleiner, schwarz gestrichener Dampfer seewärts. Die Häfen von Immingham und Grimsby hat er hinter sich gelassen. An seiner Steuerbordseite passiert er den über 60 Meter hohen Grimsby Dock Tower. Schwarze Wolkenfelder rasen tief über den Hafen, als wollten sie die Spitze des imposanten Bauwerks mit sich reißen. Die TEESWOOD, ein englischer Küstenfrachter mit 864 Bruttoregistertonnen, hat Kurs auf die Nordsee genommen. Der Schornstein steht achtern, die Brücke liegt mittschiffs und der lange Laderaum, der durch ein hölzernes Schott geteilt wird, besitzt zwei Ladeluken. Auf dem Achterdeck hängen drei Rettungsboote in ihren Davits. Der Dampfer stammt zwar aus dem Jahre 1915, ist aber längst mit drahtloser Radiotelefonie versehen. Seine Rettungsgeräte sind in bester Ordnung, und für jeden Besatzungsangehörigen liegt eine moderne Schwimmweste bereit. Er hat rund tausend Tonnen Schlacke für Emden geladen. In seinen Bunkern führt er 97 Tonnen Kohle und im Wassertank 15 Tonnen Frischwasser mit. Ein ganz gewöhnlicher Frachter also, der zwar noch mit einer altmodischen Dampfmaschine fährt und Kohle an Stelle von Öl verfeuert, der aber als tüchtiges Seeschiff gilt. Deshalb hat niemand an Bord wegen des Wetters irgendwelche Besorgnisse. Auch die Mannschaft ist erfahren.

Fünfzehn Mann befinden sich an Bord: der Kapitän, der Erste und der Zweite Offizier, zwei Ingenieure, vier Matrosen, der afrikanische Koch, drei Heizer, der japanische Steward und der Messejunge. Sie alle sind es auf der Küstenfahrt zwischen englischen, deutschen, holländischen und skandinavischen Häfen gewohnt, Sturm und Seegang, Regen, Nebel und Eisgang zu erleben. Kapitän Samuel John Crawford kann auf 22 lange Dienstjahre zurücksehen, in denen er Erfahrungen aller Art bei jedem nur möglichen Wetter gesammelt hat. Er führt den Frachter seit über einem Jahr. Nein, wegen dieser Nordseereise macht sich wirklich niemand an Bord die geringsten Sorgen. Natürlich wissen alle, dass es bei solchem Wetter in der Nordsee ziemlich ungemütlich wird. Aber die Hochseefischer auf ihren winzigen Fischdampfern haben es auch nicht gemütlich. Gegen das Schlingern und Stampfen helfen den Männern die Seebeine, gegen die Nässe gibt es Ölzeug, Südwester und wasserdichte Gummistiefel. Und die Kälte? Nun, da zieht sich der Seemann eben wollene Unterwäsche, dicke Rollkragenpullover und Wollwesten an.

Gegen 14 Uhr hat die TEESWOOD die Stelle erreicht, wo der Lotse abgesetzt werden muss, der das Schiff durch das Fahrwasser der Mündung hinausbrachte. Sie wartet, mit geringer Fahrt mächtig vor der See rollend, auf das breit gebaute Lotsenboot, das gischtübersprüht vom inneren Humber-Feuerschiff her durch die hochgehende See heranwühlt. Im Kartenhaus setzt Gill, der Erste Offizier, den neuen Kurs ab. Auf der Brücke lässt Kapitän Crawford durch einen kurzen Befehl an den Rudergänger Lee für das näher und näher kommende Motorboot machen. Langsam dreht der Bug des Frachters vor der See in den Wind, das Heck schwingt herum. Das Rollen des Schiffes geht in Schlingern über und an der vom Wind abgewandten Seite, der Leeseite, bildet sich eine durch den Windfang des Schiffes erzeugte ruhigere Stelle auf dem Wasser, die das Lotsenboot ansteuert. Der Lotse, in Ölzeug und Südwester, verabschiedet sich und weist mit dem Arm gegen die Wolken:„Wird weiter aufbrisen, Captain. Gute Reise!“

Kapitän Crawford nickt: „Well, das Barometer fällt immer noch. Schadet nichts. Auf Wiedersehen, Lotse!“

s.s. Teeswood

Schweren Tritts steigt der alte Lotse den Niedergang zum Mitteldeck hinab. An Deck wirft ein Matrose polternd das Seefallreep über die Reling, als das Motorboot in kurzem Bogen längsseits kommt. Er fängt geschickt die Vorleine des Bootes auf und macht sie an einem Deckspoller fest. Von der Leine gehalten, tanzt das breite, seefeste Boot an der hohen Bordwand des Dampfers auf und nieder. Der Lotse schwingt sich über die Reling, klettert ein paar Stufen der Jakobsleiter hinab und wartet, die Rechte um das Tau zwischen den Holzstufen geklammert, auf den günstigsten Augenblick. Als das Boot von einer Woge an der Bordwand hochgeworfen wird, stößt sich der Lotse ab und springt trotz seiner Jahre gewandt wie eine Katze hinüber. Die Vorleine wird wieder herabgeworfen, sie klatscht ins Lotsenboot, das abdreht, im ruhigen Wasser vorausschießt und dann zum Feuerschiff zurückkehrt. Noch einmal winkt der Lotse mit erhobenem Arm herüber. Dann duckt er sich schleunigst, denn das Boot hat die ruhige Fläche an der Leeseite des Frachters verlassen und läuft in die stiebende Gischt. Seen kommen über. Der Lotse setzt sich hinter dem Rudergänger auf die Bank im Cockpit und schaut nochmals hinüber zum Frachter. Wie oft wird er den alten englischen Dampfer wohl noch sehen und sicher durch das Humber-Fahrwasser leiten?

Auf der TEESWOOD greift der Kapitän zur Feder und macht die übliche Eintragung ins Logbuch: „2 Uhr 30 nachmittags: Lotse abgesetzt." Gill, der Erste Offizier, hat im Kartenhaus mit Dreieck, Zirkel und Bleistift den neuen Kurs bestimmt. Während der Frachter auf den neuen Kurs dreht, beobachtet Crawford, wie das Lotsenboot beim Feuerschiff längsseits geht. Er dreht sich zu seinem Wachhabenden um: „Allerhand Seegang, Mr. Gill" „Jawohl, Sir", bestätigt der Erste und blickt durch die Gischt, die heftig die Brücke übersprüht, nach draußen. „Schätze, wir werden mit diesem Wind im Rücken immerhin acht bis neun Knoten Fahrt herauskriegen." Zustimmend nickt der Kapitän und versucht, im Schutz des Kartenhauses seine ausgegangene Pfeife wieder anzuzünden. „Drei und eine halbe Stunde bis Outer-Dawsing-Feuerschiff", brummt er zwischen zwei paffenden Zügen, mehr zu sich selbst als zum Steuermann gewandt, „dann den minenfreien Weg bis Terschellingbank-Feuerschiff. Morgen Abend könnten wir in Emden im Außenhafen liegen. Ausgezeichnet!"

Nach Passieren von Kap Spurn Point werden die Seen länger und höher. Das Schiff rollt nun deutlich stärker als zuvor. Mitlaufende Brecher überschwemmen Mitteldeck und Ladeluken. Schweigend steht die Wache auf der Brücke, der Erste Offizier und der Rudergänger. Nichts kommt in Sicht als die Rauchfahne eines einsamen Dampfers. Er kommt von Norden her, dampft die Küste entlang und steuert die Humber-Mündung an. Gill schaut dem Dampfer nachdenklich hinterher. Seit 15 Jahren fährt er schon zur See, seit zwei Jahren als Erster Offizier. Dort in einem kleinen Dorf an der Küste des Humber lebt seine Frau Patricia und sein siebenjähriger Sohn Jonathon. Der Junge wird wie so oft auf dem Heimweg von der kleinen Dorfschule an den Strand gehen und dabei auf das Meer schauen. Dort, wo sein Daddy arbeitet, den er so oft vermisst. Diese Gedanken hat der Mann am Ruder nicht. Für einen weniger geübten Rudergänger wäre es schwer gewesen, das Schiff, das vor dem Wind stark nach rechts und links vom Kurs abweicht, zu steuern. Aber hier auf der TEESWOOD steht George Hamilton am Ruder, dem das eine altgewohnte Arbeit ist. Mit wenigen Handgriffen dreht er das mahagonibraune Ruderrad, teilt seine Aufmerksamkeit zwischen Kompassrose und See und hält das Schiff mühelos auf seinem befohlenen Kurs.

„Outer-Dawsing-Feuerschiff eben an Steuerbord voraus", meldet George und nimmt das kleine, wie ein Korken auf der See tanzende Fahrzeug rechts voraus. Das rote Schiff, das seinen Namen mit großen weißen Buchstaben an beiden Seiten auf der Bordwand trägt, liegt weit draußen, nördlich der langgedehnten Dawsing-Gründe, vor denen es warnt. In der hereinfallenden Dämmerung sind die Blitze seines Feuers deutlich auszumachen. Zwei Gruppen zucken in regelmäßigen Abständen über die See. Als das Feuer querab liegt, tritt Kapitän Crawford aus dem Kartenhaus, schaut auf seine Armbanduhr, nickt dem Ersten zu und verschwindet wieder, um die Eintragung ins Logbuch zu machen: „6 Uhr nachmittags: Outer-Dawsing-Feuerschiff passiert." Gleich darauf ruft er Gill den neuen Kurs zu. Er arbeitet gerne mit seinem Ersten zusammen. Die beiden erfahrenen Seeleute reden nicht viel, aber sie verstehen und schätzen sich. Die Nacht wird sehr dunkel. Nur hier und da glitzert für wenige Sekunden ein Stern durch die nach Osten drängenden dichten Wolkenmassen. Das Schiff bekommt nun auf dem neuen Kurs Wind und See schräg von Steuerbord achtern. Seine Schlingerbewegungen werden heftiger. Die TEESWOOD holt beim Anprall jeder neuen See stark nach Backbord über. Starke Brecher waschen über das ganze Mitteldeck hinweg. Sie schlagen mit ihren Wassermassen auf die seefest verschallten und mit steifen Persennings überzogenen Ladeluken, bis der Salzwasserschwall nach Backbord über die Reling rauscht. Fahle, gespenstisch schimmernde Wellenkämme kommen von achtern und laufen schräg seitlich mit dem Dampfer. Der gleichmäßig mahlende Gang der Schraube wirft ein mattweißes Kielwasser auf, das sich bald hinter dem Heck in der Finsternis verliert. Kurz vor Wachwechsel um Mitternacht tritt der Erste zur Bestimmung des Schiffsortes ins Kartenhaus. „Das Log zeigt acht Knoten, Sir. Wie ich vermutet hatte." Er geht zum Kartentisch, auf dem die Übersichtskarte der südlichen Nordsee ausgebreitet liegt, und greift die Meilen mit dem Stechzirkel am Kartenrand ab. Den augenblicklichen Schiffsort trägt er dann mit einem Bleistiftkreuz auf der ebenfalls mit Bleistift vorgezeichneten Kurslinie ein.

„Wir werden Terschellingbank-Feuerschiff morgen Mittag querab haben, Sir." Das Feuerschiff liegt nur wenige Seemeilen vor der holländischen Insel Terschelling. Es ist für die Nordseefahrt besonders wichtig, weil es den Beginn des minenfreien Weges zur Emsmündung angibt. Das freie Fahrwasser ist mit sieben roten Leuchttonnen markiert. Kapitän Crawford füllt eine Tasse mit Tee und reicht sie seinem

Ersten: „Gut bei der Kälte draußen, Mr. Gill." Er selbst hält seine Tasse mit der Linken, beugt sich über die Seekarte und misst die Entfernung mit dem Stechzirkel nach: „Stimmt, Mr. Gill. Dazu Windstärke 8 bis 9 platt aus Westen. Wird wohl bald auf Nordwest drehen nach den Wettermeldungen. Wahrscheinlich wird es auch noch mehr auffrischen. Ich lege mich ein bisschen auf die Koje hier im Kartenhaus. Sagen Sie dem Zweiten bei der Ablösung, er soll mich wahrschauen, wenn etwas Besonderes los sein sollte!"

„Aye, aye, Sir!" Der Erste hält die Hand am Türknopf und öffnet. Eiskalt heult ein Windstoß durch den Raum. Von draußen tönt das laute Rauschen der See. Die Tür klappt dicht und löscht alle Geräusche aus. Einsam kämpft sich der schwer beladene Dampfer durch die langsam gröber werdende See. Aus dem Kesselraum dringt das Jaulen der Heizraumpumpen und mischt sich mit dem Tosen und Heulen des Sturms, dem unablässigen Rauschen ringsum und dem Pfeifen, mit dem die Böen im Takelwerk harfen. Irgendwo schlägt eine Schotttür, und die vor Nässe steifen Flaggleinen knallen in regelmäßigen Abständen gegen die Masten. Von den rund dreihundert Seemeilen, die der Dampfer vom Humber bis zur Ems zurückzulegen hat, ist nun etwa ein Viertel geschafft.

Mittwoch, der 28. November. Die TEESWOOD liegt querab Terschellingbank-Feuerschiff auf der Höhe der gleichnamigen holländischen Insel, genau nach Plan. Im Kartenhaus wird der neue Kurs abgesetzt, der nun fast genau nach Osten führt. Noch immer schiebt die aufgewühlte See eine heftige Dünung vor sich her. Aber die Sicht ist besser geworden, keine Wolken und eine klare Kimm.

„Wir halten uns an diese ET-Tonnen", weist Kapitän Crawford seine Steuerleute an. „Wenn wir die letzte passiert haben, kommt nach viereinhalb Meilen eine grüne Wracktonne und nach weiteren zwei Meilen die Hubertgat-Ansteuerungstonne. Sind tatsächlich gut betonnt, diese minenfreien Wege. Na, und dann mal rein ins Hubertgat und die Ems rauf! Haben wir ja schon mehrfach gekonnt!"

Die Hubertgat-Tonne ist die Ansteuerung für das Hauptfahrwasser der Emsmündung. Dieser Fahrweg muss von allen Schiffen, die von Westen her zur Außenreede Borkum oder weiter hinauf nach Emden wollen, benutzt werden. Die Männer auf der Brücke müssen darauf achten, dass sie die Tonne bei diesem Wetter nicht verfehlen. Denn die Emsmündung mit ihren Sänden und Untiefen steckt voller Gefahren. Mr. Gill hat die neue Wache von 12 Uhr mittags bis 4 Uhr nachmittags vom Zweiten Steuermann übernommen. Beide stehen im Kartenhaus und Gill zeigt mit dem Bleistift auf die Seekarte: „Diese Tonnen liegen jeweils fünf Meilen auseinander. Hier an dieser Stelle muss sich die erste befinden, wir werden sie bald ausmachen können. Die Sicht ist im Augenblick sehr gut, keine Wolken und eine klare Kimm. Wenn es sich nicht wieder bezieht, werden wir keine Schwierigkeiten haben." Sie treten auf die Brücke hinaus und suchen mit den Doppelgläsern die Kimm ab. „Da ist sie“, ruft der Kapitän, der ebenfalls nach der Tonne Ausschau hält. „Eben an Backbord voraus! Die roten Tonnen sind gegen die graue See gut zu sehen.“ Zufrieden setzt er das Glas wieder ab: „Allerdings scheint mir der Sturm noch stärker geworden zu sein, Mr. Gill.“ Der Erste wendet den Kopf nach achtern und beobachtet eine Weile die hinter dem Frachter tobende See. „Windstärke 8 bis 9, in Böen 10, sollte ich meinen, Sir. Könnte sein, dass der Sturm später rechtsdreht.“ Der Rudergänger erhält seine Anweisung, und der Dampfer steuert seinen Kurs weiter in der Linie der Tonnen. Alle halbe Stunde taucht eine Tonne als roter tanzender Punkt auf, kommt näher, gleitet vorüber und verschwindet allmählich neben dem schaumigen Kielwasserband wieder aus Sicht. Von der achtern liegenden Kombüse weht Essensgeruch auf die Brücke herauf. „Lammkoteletts“, murmelt der Rudergänger zufrieden, als ihm der scharfe Duft in die Nase steigt. „Bin neugierig, ob der Smut diesmal ein bisschen gebratenen Speck und Zwiebeln dazugibt.“

So als ob die Seevögel die nahe Essenszeit erfahren hätten, schwebt plötzlich eine Wolke von Möwen laut kreischend über dem Heck. Große braun gesprenkelte Heringsmöwen, weiße und silbergraue See- und Lachmöwen schwingen von einer Seite zur anderen. Dazwischen, von allen respektiert, fliegen die größten Räuber unter ihnen, die mächtigen Mantelmöwen und zeigen gleitend ihre schwarzen, weißgeränderten Flügeldecken. Sie kommen von den holländischen Westfriesischen Inseln, deren hell schimmernde Dünenstreifen zuweilen im Süden über der tanzenden Linie der Kimm sichtbar werden.

Vier Stunden lang bleibt das Wetter unverändert schlecht. Aber dann, kurz nach der Ablösung um 4 Uhr nachmittags, wird es doch sehr ungemütlich. Der Dampfer fährt nun halbwegs zwischen Terschellingbank-Feuerschiff und der Hubertgat-Ansteuerungstonne, auf der Höhe zwischen den holländischen Inseln Ameland und Schiermonnikoog. Plötzlich sind von Westen her schwere Wolken aufgetaucht, die wie ein dichtes Rudel nach Osten jagen. Schwere Seen beginnen über Deck zu waschen und die Bewegungen des Frachters werden noch heftiger als zuvor. Kapitän Crawford erscheint auf der Brücke und stellt sich hinter den Rudergänger. Der Seemann steht breitbeinig auf seiner Holzgräting, seine erfahrenen Seemannsbeine gleichen im Rhythmus der Wellenbewegungen sicher seinen festen Stand aus. Er nimmt die Augen nicht von der eben in Sicht gekommenen nächsten roten Tonne, die er anzusteuern versucht. Entschuldigend sagt er: „Schiff lässt sich seit einiger Zeit nur schwer auf Kurs halten, Sir. Giert zwei bis drei Strich nach beiden Seiten.“ Der Kapitän winkt den Zweiten Offizier, der die Brücke noch nicht verlassen hat, und den wachhabenden Ersten zu sich. Er zieht beide beiseite in die Brückennock an Backbord.

„Was halten Sie von der Lage, Gentlemen? Der Sturm gefällt mir ganz und gar nicht mehr. Die See wird immer gröber. Sehen Sie sich an, was da achtern los ist!“ Alle drei schauen achteraus. Was sie zu sehen bekommen, ist keineswegs schön. Von Minute zu Minute schwellen die grüngrauen Wogen höher an. Mit schaumgetigerten weißfleckigen Rücken schwingen sie heran und bäumen sich mit weißmähnigen Kämmen hinter dem Heck hoch. Sie nehmen das Achterschiff auf ihre mächtigen Rücken, schleudern es wie in einer Schaukel hoch empor, bevor sie dann mit donnerndem Getöse überkommen. Von achtern her überfluten sie die Decks mit Tonnen kalten Salzwassers, gurgeln voraus übers Mitteldeck und stehen meterhoch über den Ladeluken, ehe sie sich verlaufen. Gleichzeitig schießen andere unter dem Dampfer hindurch und werfen den Bug scheinbar himmelhoch zu den Wolken.

Kapitän Crawford ist ein erfahrener Seemann. Er ahnt die Gefahr, zieht die Hände aus den Taschen seiner Öljacke und wendet sich mit besorgter Miene an seine beiden Offiziere: „Ich halte die Lage für gefährlich! Der Sturm hat zugenommen. Es besteht die Möglichkeit, dass uns diese schwere achterliche See glatt überrollt. Alles ginge klar, wenn es uns gelänge, gegen die See anzudrehen und die Geschichte abzuwettern. Aber ich halte jetzt ein Herumgehen auf Gegenkurs für ausgeschlossen. Im gleichen Augenblick, in dem wir uns beim Herumholen quer zur See legten, würden wir, wie ich fürchte, durch diese ungeheuren Seen überrollt und zum Kentern gebracht werden. Oder sind Sie anderer Ansicht?“ Der Zweite Offizier, der nach altem Seebrauch als Jüngster zuerst seine Meinung abzugeben hat, schüttelt den Kopf: „Beizudrehen ist unmöglich, Sir. Das Schiff ginge verloren, wenn wir versuchten, auf Gegenkurs zu gehen. Ich bin der Ansicht, dass wir unseren jetzigen Kurs durchhalten müssen.“ Besorgt und sehr ernst gibt Steuermann Gill dem jüngeren Kameraden recht. Noch einmal beobachtet der Kapitän prüfend die achtern sich auftürmenden gewaltigen Seen. Er sieht die beiden Offiziere an und wendet sich entschlossen zur Kartenhaustür: „Mr. Gill, ich rufe den Lotsendampfer an. Der Lotse soll rauskommen. Das scheint mir jetzt nötig zu sein.“ Im Kartenhaus nimmt er das Telefon der Radiotelefonie-Anlage vom Haken, ruft den Lotsendampfer EMDEN an und verlangt den Kapitän. Der meldet sich sofort. Aber was Crawford von ihm hört, ist weder erfreulich noch tröstlich. „Der Lotsendampfer“, so kommt es in langsamem und deutlich gesprochenem Englisch aus dem Apparat, „liegt wegen des schweren Wetters nicht auf seiner Hubertgat-Position, sondern auf Borkum Reede im Randzelgat. Sorry Sir, ich bedaure, aber es war unmöglich, sich im Hubertgat zu halten. Sie werden das gewiss verstehen.“ Kapitän Crawford bedankt sich. Er steigt mit gerunzelter Stirn wieder auf die Brücke und tippt dem Ersten Offizier auf die Schulter: „Kurs durchhalten, Mr. Gill. Lotsendampfer liegt auf Borkum Reede.“ Kein Wort weiter. Auch der Zweite Offizier bleibt auf der Brücke und alle drei halten nun Ausguck. Sie klammern sich mit einem Griff an den Handläufer, halten in der anderen das Glas und starren über die Brückenreling nach vorn, suchen konzentriert nach den Tonnen. Eine Stunde vergeht in sorgenvollem Schweigen. Endlich unterbricht der Erste Offizier, der sich in die Steuerbordnock geklemmt hat, mit einem Ruf die Stille: „Sturm hat auf Nordwest gedreht, Sir!“

„Hab' ich schon bemerkt, Mr. Gill", ruft der Kapitän zurück. „Und stärker ist er auch geworden. Windstärke 11 ist das jetzt, in Böen Orkan, reiner Orkan!" Unheimlich wird das Rollen des Frachters, der die See nun von Backbord achtern hereinbekommt. Es sind riesengroße Wogen, die über die Decks schwemmen. In rasendem, rauschendem Wirbel überfluten sie das ganze Schiff von achtern nach vorn mit ihren tonnenschweren Massen. Unerträglich wird das Schlingern, das die TEESWOOD weit überholen lässt. Wenn der Dampfer nach einer endlos scheinenden Zeit sich langsam wieder aufrichtet und nach der Gegenseite zurückrollt, strömen armdicke Wasserstrahlen aus den Speigatten. Sie werden den hereinbrechenden Fluten bald nicht mehr Herr. Ständig steht das Schiff unter dem lastenden Druck der Wassermengen, die keinen Abfluss mehr finden und gespenstisch über Deck hin und her schwappen. Aber unbeirrt verfolgt der tapfere kleine Dampfer seinen Kurs.

Die Anspannung auf der Brücke steigt. Der Himmel ist so stark mit Wolken verhangen, dass die Dämmerung schon kurz nach der Ablösung um vier Uhr einsetzt. Rasch nimmt die Dunkelheit zu. In rasender See ist zwischen den weißen Schaumstreifen so gut wie nichts mehr mit Sicherheit auszumachen. „Die Tonne Hubertgat muss nun jeden Augenblick in Sicht kommen", ruft der Kapitän und gibt den Befehl: „Sehen Sie die Kennung der Tonne nach, Mr. Gill!" Unter „Kennung" versteht der Seemann die besonderen Kennzeichen eines Leuchtfeuers. Die Kennung verrät, ob der Leuchtturm oder die Leuchttonne Blinke, Blitze oder Festfeuer ausstrahlt, in welcher Folge und in welcher Zahl die Feuer aufleuchten, welche Farbe sie haben - weiß, grün, rot oder wechselnd - und ob sie einzeln oder in Gruppen auftreten. Wer die Kennung weiß, der kann das Feuer und damit den Standort der Schiffe genau ausmachen.

Der Erste sieht die Kennung im Kartenhaus auf der Seekarte nach und ruft: „Ist eine Heultonne mit Blinkfeuer in zwei Gruppen, Sir! Muss eben an Backbord in Sicht kommen." Angestrengt starren sie voraus. Nichts. Der Sturm und das salzige Sprühwasser haben ihre Augen entzündet, sie sind rot unterlaufen und tränen ununterbrochen. Zum hundertsten Male wischt der Kapitän die Okulare seines großen Nachtglases mit einem Lederlappen trocken. Endlich, als er gerade das Doppelglas wieder vor die Augen heben will, schallt die aufgeregte Stimme des Zweiten durch das Heulen des Sturmes: „Eben an Backbord voraus Blinktonne, Blinkgruppe Zwei. Hubertgat-Tonne in Sicht."

Es ist 4 Uhr 20 nachmittags. Alle atmen auf, als sie diese Meldung hören. Nun ist die Mündung der Ems nicht mehr weit. Wenigstens sind wir noch auf Kurs, denkt der Kapitän und behält das Licht im Auge. Oft ist es von den hohen Seen verdeckt, dann blinkt es wieder tröstend auf. Es gibt kaum etwas Tröstlicheres für einen Seemann, der von draußen bei schwerem Wetter der Küste zustrebt, als das Aufblinken eines lange gesuchten und gut bekannten Ansteuerungsfeuers. Es zeigt ihm, dass seine Berechnungen in Ordnung sind, dass sein Kurs richtig ist, und außerdem weist es ihm auch den Weg zur Reede oder zum Hafen.

Die Ansteuerungstonne hat man gefunden. Aber das Gesicht des Kapitäns zeigt dennoch nicht die Erleichterung, die man hätte erwarten können. Eine andere Sorge, seit Kurzem erst aufgetaucht, bedrückt den Schiffsführer. Er beobachtet, dass sein Schiff immer häufiger dem Ruder nicht mehr gehorcht. Am Rudergänger kann es nicht liegen, der Mann ist ein zuverlässiger Seemann, der bei jedem Wetter ausgezeichnet zu steuern und Kurs zu halten versteht. Die Ursache muss an etwas anderem liegen. Und Crawford kennt den Grund. Seine jahrelange seemännische Erfahrung hat ihn gelehrt, dass Schiffe, die auf flachem Wasser ihre volle Fahrt laufen, leicht aus dem Ruder geraten. Völlig unberechenbar drehen sie dann vom Kurs weg und lassen sich nicht mehr steuern. Dagegen können Schiffe, die an flachen Stellen mit der Fahrt heruntergehen, ihren Kurs einwandfrei einhalten. Der Kapitän verschwindet im Kartenhaus. Ein einziger Blick zeigt ihm die Richtigkeit seiner Vermutung: Bisher sind sie längs des minenfreien Weges dauernd über Wassertiefen von rund zwanzig Meter gefahren. Jetzt, bei Annäherung an die Hubertgat-Tonne ist die Wassertiefe seit Passieren der letzten Tonne schnell auf 17, 15 und 12 Meter gesunken. Die Seekarte verrät das mit peinlicher Genauigkeit. Crawford ist ärgerlich, dass ihm dieser Gedanke nicht schon früher gekommen ist. Sofort stürzt er auf die Brücke zurück und stellt sich neben den wachhabenden Zweiten Offizier: „Lassen Sie ‚Achtung!‘ an die Maschine geben!“

Der Zweite, leicht verwundert über den unerwarteten Befehl, greift zum Hebel des Maschinentelegrafen und legt ihn mit einem Ruck auf „Achtung!“. Kurz danach klingelt die Antwort aus der Maschine herauf, und der von der Maschine aus bediente Gegenzeiger springt ebenfalls auf „Achtung!“. „Geben Sie ‚Langsam voraus!‘!“

Es geschieht, und wieder tönt das Antwortklingeln dünn, aber schrill durch den Sturm. Der Gegenzeiger springt willig auf die befohlene Fahrtstufe. Die TEESWOOD verringert ihre Geschwindigkeit. Ein paar bange Minuten hindurch beobachtet Kapitän Crawford den Kurs. Dann stellt er mit Erleichterung fest, dass die beabsichtigte Wirkung eingetreten ist: Das Schiff gehorcht dem Ruder. Er stößt den Rudergänger an: „Lässt sich jetzt besser steuern?“
„Jawohl, Sir!“ nickt der Seemann: „Scheint hier flacheres Wasser zu sein, Sir!“
Am Ton und an der Antwort des Mannes merkt der Kapitän, dass der Rudergänger genau im Bilde ist. „Du Himmelhund von Schlaukopf“, knurrt er. Natürlich kann der Rudergänger seine Bemerkung nicht hören, denn jedes nicht geschriene Wort wird von dem Getöse ringsum restlos verschluckt. Im gleichen Augenblick tanzt die riesengroße Ansteuerungstonne an Backbord vorüber, eine Heultonne, deren schauriger tiefer Heulton wie ein Angstschrei durch den vielstimmigen Aufruhr der Elemente dringt. Hin und her schwingt sie in der Grundsee, sie dreht und wiegt sich

gleich einer altmodischen Dame in rotem Reifrock. Höhnisch verneigt sich die Dame vor dem englischen Schiff, das wie betrunken rechts und links vom Wege torkelt.

Mühsam erkämpft sich der alte Frachter vor Sturm und Seegang seinen Kurs zum Hubertgat, zur Mündung der Ems. Die Dunkelheit ist nun so tief und der Seegang so stark, dass die Männer auf der TEESWOOD die Fahrwassertonnen nur sehr schwer ausmachen können. Ab und zu, wenn nicht gerade dichte Regenböen die Sicht verschleiern, sehen sie recht voraus ein helles, stetiges Licht. Sie wissen nun, dass sie im Festsektor des kleinen Borkumer Leuchtturms – auf der Insel nennen sie ihn `Elektrischer Leuchtturm` - laufen, der das schnurgerade Fahrwasser des Hubertgat mit seinem starken Lichtstrahl bestreicht. „Im Festsektor bleiben!", schreit Kapitän Crawford dem Wachhabenden durch den tosenden Lärm zu. „Wir müssen versuchen, in die Ems zu kommen. Auf Borkum Reede sind wir in Sicherheit. Später müssen wir nach Steuerbord abdrehen. Ich sage Ihnen, wann es soweit ist, und gebe den neuen Kurs." Zwar schert der Frachter immer noch zwei bis drei Strich nach beiden Seiten aus, aber im Großen und Ganzen hält er doch den Kurs. Langsam läuft er die Strecke bis zur Tonne des Hubertgat hinauf. Da hier die Wassertiefen meist 13 bis 15 Meter betragen, gelingt es dem Rudergänger, das Schiff trotz der unheimlich steilen und wilden Grundseen stets im Fahrwasser zu halten. Kurs Ost liegt an, als die lange rote Spierentonne HF an Steuerbordseite vorübergleitet. Von der Backbordnock aus ruft Kapitän Crawford dem Zweiten Steuermann etwas zu. „Nicht verstanden, Sir!", brüllt der zurück und eilt hinüber zur Backbordseite. „Können Sie recht voraus die Lichter vom Lotsendampfer ausmachen?", schreit Crawford durch das Gedröhn der Brecher und das Heulen des Sturms. „Neuer Kurs Ostsüdost halb Ost!"

„Aye, aye, Sir!" Der Rudergänger versteht trotz des Aufruhrs ringsum die Weisung. Noch ehe der Zweite den Befehl wiederholen kann, wirbelt er das Ruderrad herum. „Ostsüdost halb Ost liegt an, Sir! Das Schiff lässt sich nur schwer steuern!"

Kapitän Crawford sieht, wie sich der Mann bemüht, den mächtig gierenden Dampfer auf Kurs zu halten. „Wir sind aus dem Festsektor heraus", mischt sich der Erste ein. „Festfeuer hat in eine Gruppe von fünf Blitzen gewechselt!" „Aye, geht in Ordnung, Mr. Gill!", brüllt der Kapitän. „Dies ist der Kurs zur nächsten Tonne HG und zur Möwensteert-Nord-Tonne. Vor der müssen wir ins Randzelgat abdrehen."

„Möwensteert“
2/2011

Der Erste hebt zum Zeichen, dass er verstanden hat, die Rechte. Kapitän Crawford ahnt nicht, dass mit diesem Kurs durchaus nicht alles in Ordnung ist, jedenfalls nicht seit dem Augenblick, wo sein Schiff den Festsektor verlassen hat und in die Gruppe der fünf Blitze geraten war: Die TEESWOOD läuft nun quer durch das so gut wie nie befahrene Hosborngat.

Oft schon hat Kapitän Crawford seine Schiffe sicher in die Emsmündung geführt. Doch er ahnt, dass heute ein besonderer Tag ist. Die Fahrwasser, die zur Ems führen, gehören zu den schwierigsten der ganzen Nordseeküste. Wohl sind sie sehr gut durch Fahrwassertonnen bezeichnet. Außerdem weisen die vielen Leuchtfeuer der Inseln und der Küste bei sichtigem Wetter unmissverständlich den Weg. Schwierig wird die Fahrt jedoch, wenn starke, anhaltende Regen-, Hagel- oder Schneeböen die Sicht nehmen. Und am gefährlichsten ist das Einlaufen in die Emsmündung, wenn Sturm und Unsichtigkeit zugleich auftreten. Der Sturm lässt an einem solchen Tage auf den Sänden ringsum die Brandung kochen. In den flachen Fahrwassern entwickelt sich eine steile und sehr hohe Grundsee, die selbst mittelgroßen Dampfern durch ihre ungeheure Wucht gefährlich werden kann. Hinzu kommt der Gezeitenstrom: Ebbe und Flut können Fahrzeuge, die manövrierunfähig werden, im Nu vom Kurs abbringen und auf die Sände werfen. Mehrere Wracktonnen, die in diesem Gebiet ausliegen, geben Zeugnis von so manchen Sturmnächten, in denen Schiffe gestrandet sind und von der Grundsee in kurzer Zeit zu Trümmern zerschlagen wurden.

Die TEESWOOD holt schwer über. Von Grundseen überflutet, taumelt sie durch den schäumenden Strom, in den der Sturm das Fahrwasser verwandelt hat. „Lotsendampfer liegt auf der Höhe der Bake Außenrandzel. Ich will ihn gut an Steuerbord nehmen. Klar?“, ruft der Kapitän. „Aye, Sir!“, bestätigt der Zweite. Auch er hat die Lichter am Mast des Lotsenfahrzeugs, ein weißes und darunter ein rotes, gesichtet. Das Fahrwasser ist nun wieder flacher geworden und die gefährlichen Grundseen wachsen immer steiler und höher. Genau von achtern fallen sie über den kleinen Frachter her. Bereits auf dem Wege zur Tonne HF hat der Rudergänger Mühe gehabt, das Schiff auf dem Kurs zu halten. Jetzt gehorcht der Dampfer dem Ruder mit einem Male überhaupt nicht mehr. „Schiff steuert nicht mehr!“, schreit der Rudergänger. Ausgerechnet im gleichen Augenblick passieren sie an Steuerbord, fast zum Berühren nahe, die rote Spierentonne HG.

Inzwischen herrscht bereits völlige Dunkelheit und die Tonne ist unbeleuchtet. Aber die Männer auf der Brücke erkennen sie durch das ungewöhnlich nahe Vorbeigleiten einwandfrei. „Tonne HG passiert!“, meldet der Zweite. Plötzlich setzen heftige Hagelschauer ein und das Wetter wird noch schlechter als bisher. Nie in seiner ganzen Seefahrtszeit hat Kapitän Crawford ein derart mörderisches, bösartiges Wetter erlebt. Im Nu ist alles wie von einer Riesenfaust ausgelöscht - die Leuchttonnen, die Feuer der Leuchttürme, die Lichter der Schiffe, die auf der Borkumer Außenreede vor

Anker liegen. Nichts ist mehr zu sehen als die weißen Wogenkämme ringsum. Die Hagelböen, die in dicken Schüben schmerzhaft herabprasseln, ziehen einen dichten Vorhang, ein erbarmungslos undurchsichtiges Netz um das Schiff.

Die Männer auf der Brücke sagen nichts und sie beißen die Zähne zusammen. Schlimmeres konnte ihnen hier, gerade an dieser Stelle, nicht passieren! Das Schiff läuft fast steuerlos inmitten der Grundseen, umringt von Untiefen und Sänden, pausenlos donnern Hagelschauer herab - und die Seeleute haben nicht den leisesten Anhalt, wohin der Frachter steuert. Vergebens horchen die drei Offiziere in das unbeschreibliche Getöse. Sie lassen die nutzlos gewordenen Doppelgläser auf die Brust fallen und versuchen mit bloßem Auge irgendetwas zu erkennen. Gill, der Erste Steuermann, tritt hinter den Rudergänger und ruft dem Seemann „Ruder liegt hart Backbord!" über die Schulter. „Lässt sich nicht weiter legen. Schiff steuert nicht mehr", kommt sofort die verzweifelte Antwort. Da greift der Erste selbst in die Speichen. Der Rudergänger hat recht: Das Ruder ist in Hartlage und das Ruderrad lässt sich nicht weiterdrehen. Crawford beobachtet die vergeblichen Anstrengungen der beiden Männer. „Maschine Achtung!", brüllt er und befiehlt „Volle Kraft voraus!" Er hofft, durch eine kurze Beschleunigung der Fahrt die Ruderwirkung wiederherzustellen. Vielleicht drückt der verstärkte Schraubenstrom dann doch so stark auf das Ruderblatt, dass es gelingt, das Heck herumzuholen und das Schiff auf den richtigen Kurs zu bringen. Der Kapitän wirft einen besorgten Blick auf den Kompass. Hat die See den Dampfer überwältigt? Würde die TEESWOOD manövrierunfähig bleiben?

Unverzüglich führt die Maschine den Befehl aus. Heftig beginnt die Schraube zu mahlen. Bewegt sich das Schiff jetzt tatsächlich nach Backbord? Alle Männer auf der Brücke hoffen es; aber niemand kann es sagen, niemand ist in der Lage zu beurteilen, wie weit der Dampfer bereits durch den Orkan und die ungeheure Gewalt der Seen aus dem Kurs geschlagen ist. Kapitän Crawford sieht an der Leeseite ins Wasser, um festzustellen, ob sein Schiff wirklich schon etwas herumschwingt. Es ist unmöglich. Die See tobt derartig, die Dunkelheit und die Hagelböen rauben so stark die Sicht, dass sich eine Bewegung des Frachters nicht erkennen lässt. Als er wieder aufsieht, springt er entsetzt zurück. An Steuerbordseite tauchen plötzlich mehrere Reihen schwerster Brandungsbrecher auf. Das ist keine Grundsee mehr, wie er sofort erkennt, das sind viele Reihen von Brandungswellen, die über einen Sand, eine Untiefe rollen. Vor diesem Sand muss das Schiff zum Abdrehen gebracht werden - und zwar sofort, sonst ist es verloren! Die Erinnerung an das erfolgreiche Manöver vom Nachmittag zuckt wie ein Blitz durch das Hirn des Kapitäns. Vielleicht gelänge es ein zweites Mal? Mit zwei, drei Sätzen stürzt er zum Maschinentelegrafen und reißt selbst den Hebel auf „Langsame Fahrt voraus!"

Der Befehl kommt in der Maschine an. Der wachhabende Zweite Ingenieur wiederholt ihn, indem er seinen Telegrafen auf die gleiche Fahrtstufe legt. Gewohnheitsmäßig notiert er dabei Uhrzeit und Fahrtstufe in seinem Maschinentagebuch: „6 Uhr 20 nachmittags: Langsame Fahrt voraus!“ Dann meldet er dem Ersten Ingenieur.

Zwei Minuten später geschieht es.
Ein furchtbarer Stoß, ein Krachen, als ob die Eisenplatten der Bordwände zerbrächen: Die TEESWOOD läuft auf Grund. Im Maschinenraum taumelt der Zweite Ingenieur zu Boden. Er rafft sich auf, greift zum großen Handrad, das die Dampfzufuhr regelt, und stellt mit Hilfe des Ersten Ingenieurs den Dampf ab. Mit der Rechten greift der Leitende in die Brusttasche seines Leinenjacketts und wischt mit dem hervorgezogenen Twistballen den Schweiß von der Stirn. Entsetzt sieht der Zweite seinen Chef an: „Um Himmelswillen, wir sitzen!“

Kaum ist der Dampf abgestellt, als die Männer in der Maschine und vor den Kesseln spüren, wie das Schiff sich wieder hebt. Es taumelt und wird zum zweiten Male mit ungeheurer Wucht auf den Sand geschmettert. Gleich danach zum dritten Male. Die gigantische Gewalt der Brandung hat den Dampfer ergriffen und drei Mal mit aller Macht auf den betonharten Sand geknallt. Stahlversteifungen knacken, Eisenplatten kreischen unter der ungeheuren Beanspruchung. Es ist, als ob einem großen Tier stückweise das Rückgrat zerbrochen würde. Jede nachfolgende See schiebt und stößt den Eisenleib des schwer beladenen Frachters weiter und höher auf den Sand hinauf, bis er endlich fest auf der Bank sitzt. Das entsetzliche Stoßen lässt jetzt zunächst nach. Irgendetwas, das fühlen sie alle, muss gebrochen sein. Kein noch so fest gebautes Schiff kann dieses wütende Rucken, dieses schmetternde, harte Aufsetzen auf den Grund ohne schwerste Beschädigungen überstehen. Und eine solche Beschädigung - das ist das Ende, das ist eine Katastrophe, wie sie bei diesem Wetter, mitten zwischen Sänden und rasenden Grundseen, nicht schlimmer sein kann. Eilig beginnen die Männer von Maschine und Heizraum das Schiff zu untersuchen, um die Folgen der Stöße festzustellen.

Auch auf der Brücke hat der erste grausame Stoß die Offiziere von ihrem Halt gerissen und durcheinandergeworfen. Kapitän Crawford rappelt sich als Erster auf und ergreift geistesgegenwärtig den Hebel des Maschinentelegrafen: „Maschine stop!“ Die Männer krallen sich fest und warten auf den nächsten Stoß, der bei den nachdrängenden steilen Seen unweigerlich kommen würde. Mit harten, verbissenen Gesichtern und klopfenden Herzen wettern sie die Stöße ab. Sie zucken unwillkürlich zusammen, als gewehrschussartige Geräusche aus dem Schiffsinnern das Auseinanderreißen von Eisenplatten und den sich lösenden Nieten anzeigen. Würde das Schiff jetzt auseinanderbrechen? Oder hielten die Verbände sich, bis Rettung kam? War Rettung überhaupt möglich? Spülte nicht die See alle Männer erbarmungslos von der Brücke und aus den unteren Räumen, wenn die Schotten brächen? Würde der ganze Dampfer nicht mit jeder neuen Grundsee zu einem Trümmerhaufen zerschlagen werden?

Gleich beim ersten Aufsetzen ist der Erste Steuermann ins Kartenhaus geeilt und hat per Radiotelefonie das SOS-Notsignal, die Lage und den Standort des Schiffes an Norddeich-Radio gegeben. Norddeich-Radio gibt zurück, dass es ihn verstanden habe. Diese beruhigende Nachricht läuft jetzt schnell durch alle Räume des Schiffes. Die drei Offiziere auf der gischtumsprühten Brücke suchen mit ihren Augen das Deck ab. Auch der Kapitän, die Faust noch immer um den Hebel des Maschinentelegrafen gelegt, beugt sich vor und lauscht mit halbgeneigtem Kopf in die heulende, tosende Finsternis hinaus. Endlich, den erregt Wartenden scheint es eine Ewigkeit, treffen Männer aus den unteren Schiffsräumen auf der Brücke ein. Sie blicken auf ihren Schiffsführer, sammeln sich, aber bleiben stumm. Wenn etwas zu veranlassen ist, dann würde der Kapitän, der Alte, es veranlassen. Wenn ihnen etwas aufgetragen wird, dann würden sie es ausführen. Sie warten. Nur noch das Maschinen- und Heizraumpersonal ist unten im Schiff, die Ingenieure im Maschinenraum, die Heizer im Kesselraum vor den Feuerungen. Besorgt horchen sie auf das Getöse der Wogen, die dumpf und unregelmäßig gegen die Eisenplatten der Bordwände prallen. Sie warten, ob weitere Anordnungen für sie eintreffen. Ein Befehl, der sie heraufgerufen hätte, ist noch nicht gegeben worden. Das scheint ihnen ganz selbstverständlich, denn jeder von ihnen, der Heizer vor den Kesseln und der Ingenieur am Maschinenleitstand weiß, dass von ihm die Rettung des Schiffes abhängen könnte. Falls der Kapitän versuchen sollte, das Schiff durch Maschinenmanöver frei zu bekommen, muss der Maschinenbetrieb einwandfrei funktionieren. Also verharren sie auf ihren Posten, stecken sich Pfeifen oder Zigaretten an und warten geduldig. Sie warten nicht umsonst. Nur drei Minuten nach dem Auflaufen, um 18 Uhr 25, schreckt die Klingel des Maschinenraumtelegrafen die Ingenieure hoch: Der rote Pfeil im Rund der Telegrafenscheibe springt auf „Zurück“. Blitzschnell wiederholt der Erste Ingenieur und stößt den Hebel des Telegrafen auf die gleiche Fahrtstufe. Der Zweite Ingenieur steckt die brennende Pfeife in seine Tasche und bestätigt die Umsteuerung von „Voraus“ auf „Zurück“. Er greift zum großen Rad des Manövrierventils, dreht es und gibt dem aufgespeicherten Dampf den Weg in die Maschine frei. Zischend strömt er ein, langsam, wie erwachend, heben und senken sich die Kolben in ihren Zylindern. Die Schraubenwelle dreht sich. Schneller und schneller arbeitet die Maschine.

Draußen am Heck wühlt die Schraube Sand und Wasser auf. Sie geht zwar schwer, aber sie dreht sich! Mehr und mehr Dampf wird gegeben, bis das Manövrierventil offen bis zum Anschlag steht und das heftige Rückwärtsmahlen der Schraube den ganzen Schiffskörper erschüttert. „Ob er den Dampfer losbekommt?“, fragt der Zweite Ingenieur zweifelnd. Der Chief zuckt die Schultern. „Scheint nicht so. Noch hat sich nichts gerührt. Abwarten!“ Sie können hier unten, tief im Leib des Dampfers, nicht sehen, ob das Manöver Erfolg hat. Sie können nur fühlen, spüren und an ihren Maschineninstrumenten ablesen, dass der Gang der Schraube gleichmäßig, sicher und schnell bleibt. So lauern sie, achten auf Dampfdruck und Umdrehungsanzeiger und beobachten die Kontrollleuchten auf den Armaturentafeln, die an den ölverschmierten Wänden angeschraubt hängen. „Ich glaube“, nimmt der Erste Ingenieur das Gespräch wieder auf, „dass wir bei dem Krach hier unten vielleicht gar nicht merken, wenn das Schiff wirklich loskommt.“ „Allerdings“, nickt der Zweite. „Ein Höllenlärm ist das hier!“

Den Männern des Maschinen- und Heizraumpersonals kommt es vor, als säßen sie im Innern eines großen Eisenfasses, auf dessen Außenwänden die Fäuste einer wilden Horde von Riesen unablässig herumtrommeln. Plötzlich schrillt die Klingel des Maschinentelegrafen: „Stop!“ Verwundert stellen die Ingenieure beim Eintragen fest, dass seit dem letzten Befehl nur eine einzige Minute vergangen ist. Seufzend dreht der Erste Ingenieur den mit Tauwerk umwickelten Handgriff des Manövrier-Ventilrades zurück. Die Kolben der Maschine arbeiten langsamer, fahren noch einmal hinauf und herunter und stehen dann still. Das Maschinengeräusch verstummt. Dafür dröhnt das Aufprallen der Seen gegen die Bordwände umso lauter und gefährlicher. „Aus“, sagt der Zweite Ingenieur und zündet die ausgegangene Pfeife wieder an. „Der Alte hat es nicht fertig gekriegt. War auch wohl unmöglich. Hören Sie nur diese Seen da draußen“.

Der Versuch ist in der Tat misslungen. Kapitän Crawford hat die Maschine rückwärts laufen lassen, weil er bemerkt hat, dass Wind und See nach dem Auflaufen etwas von Steuerbord achtern hereinkamen. Er hat gehofft, das Heck dadurch nach Backbord frei vom Sand zu bekommen. Unglücklicherweise aber schwingt das Heck gerade umgekehrt nach Steuerbord und gerät damit nur noch weiter auf die Sandbank hinauf. Als der Kapitän diese gänzlich unerwünschte Folge seines Manövers erkennt, lässt er sofort wieder stoppen. Der Dampfer liegt nun unwiderruflich inmitten einer röhrenden Brandung auf dem äußersten Nordwestzipfel des langgestreckten Möwensteert-Sandes, eine Seemeile nordwestlich der Tonne Möwensteert-Nord.
Crawford holt seine beiden Schiffsoffiziere ins Kartenhaus. „Herunterzubringen ist die TEESWOOD nicht mehr“, beginnt er seine Erklärung, „das haben Sie gesehen. Jedenfalls nicht bei diesem Wetter und nicht ohne Schlepperhilfe. Ich fürchte nur, es wird nicht mehr lange dauern, bis sie auseinanderbricht. Strom und Seegang mahlen den Sand unter ihrem Kiel weg. Bald wird sie durch ihre eigene Schwere und durch das Gewicht unserer Ladung rettungslos durchbrechen.“
„Ganz meine Meinung, Sir“, sagt der Zweite. Und der Erste fügt hinzu: „Fragt sich nur, Sir, wann es eintreten wird.“

Crawford überlegt. Was er als Schiffsführer hat tun können, um sein Fahrzeug vom Sand zu befreien, das war geschehen. Dass seine Maßnahmen erfolglos geblieben sind, konnte man ihm nicht als Schuld anrechnen. Er hat jetzt nur noch eines zu tun: Er muss mit allen Mitteln die Rettung der Besatzung in die Wege leiten. „Wir wollen überlegen, wie wir die Besatzung heil von Bord bekommen“, fährt der Kapitän fort. „Deshalb rief ich Sie ins Kartenhaus. Sie, Mr. Gill, stellen Radiotelefonieverbindung mit dem Rettungsboot von Borkum her! Glücklicherweise haben die Hagelschauer nachgelassen, und es ist wieder sichtiger geworden. Ich wünsche, dass Sie beide von nun an dauernd mit Morselampe und Radiotelefon SOS-Signale abgeben! Ich selbst werde mich um die Notraketen kümmern."

Der Zustand des Schiffes ist sowohl den Offizieren als auch den meisten Männern der Besatzung vollkommen klar. Jeder weiß außerdem, was jetzt zu tun ist. Deshalb sagt niemand ein Wort. Es gibt auch nichts mehr dazu zu sagen. Die Steuerleute fordern radiotelefonisch das Borkumer Rettungsboot und die Hilfe eines Schleppers an; sie geben anschließend in ununterbrochener Folge ihre SOS-Signale. Der Kapitän nimmt die Notraketen, die auf der Brücke in Kästen bereitliegen, und versucht, die Zündschnüre zu entzünden. Vergebens, die Schnüre sind nicht zum Glimmen zu bringen, der Orkan löscht selbst die Patentzündhölzer aus. Nach mehreren vergeblichen Versuchen nimmt Crawford die Raketen ins Kartenhaus, setzt dort die dünnen Schnüre in Brand, bringt die Raketen auf die Brücke und feuert sie ab. Einen kurzen Augenblick lang strahlen sie ihr grellrotes Licht in die Finsternis, dann werden sie vom Sturm in flachem Bogen verweht. Mittlerweile drängt sich der größte Teil der Besatzung auf der Brücke zusammen. Die Männer frieren, sie haben sich die Rettungswesten umgebunden und lassen die Gischt, den Schaum und das Spritzwasser, das die urgewaltigen Grundseen bis hoch über die Brücke klatschen, mit gebeugten Rücken über sich ergehen. Was sie aufrechterhält, ist das Vertrauen auf ihren Kapitän und die Schiffsoffiziere. Sie wissen von den abgegebenen Notrufen, sie sehen, wie der Zweite mit der starken Lampe laufend SOS-Morsezeichen in Richtung zur Insel Borkum abgibt. Sie zweifeln keinen Augenblick, dass die Signale drüben abgenommen und weitergeleitet würden.

Doch würde das Rettungsboot auslaufen? Würde die Besatzung den sicheren Borkumer Hafen verlassen, trotz der rasenden Seen und der über die Sände tosenden Brandung? Und wenn sie kämen, könnte das Boot bei dieser höllischen Grundsee nahe genug herankommen, um die Besatzung überzunehmen? Sie blicken hinüber zu den Leuchtfeuern von Borkum, die nun klar zu erkennen sind. Sie blicken auf die Grundsee, die sich brüllend hebt und krachend gegen die schwachen Eisenwände donnert. Bald würden die Wassermassen ihren Dampfer in Stücke geschlagen haben. Aber sie sind Seeleute, sie kennen die Gesetze der See. Sie wissen um die große Bruderschaft, zu der sie selbst gehören - die Bruderschaft, die keinen im Stich lässt. Ein SOS-Ruf, so wissen sie, ist für diese Bruderschaft der Seeleute nicht nur ein Notsignal, sondern ein zwingender Befehl, dem jeder anständige Seemann unter Einsatz seines Lebens nachkommt. So warten sie auf das Borkumer Rettungsboot. Jeder Mann auf der TEESWOOD, vom Kapitän bis zum Moses, ist im Grunde seines Herzens trotz allem, was dagegen spricht, fest überzeugt, dass das Boot auslaufen und den Versuch zur Rettung wagen wird. Sie wissen es, lange bevor die Borkumer Leitstelle das Auslaufen durch Funktelefonie meldet. Und sie sollen recht behalten.

Wie bei solchem Wetter üblich, findet sich nach Einbruch der Dunkelheit in der Seenot-Funkstation und Signalstelle Borkum allmählich die gesamte Belegschaft ein. Heinz Hedden ist wieder zurückgekommen und Funker Riekhoff auch. Die Männer rauchen, trinken Tee und sitzen schweigend da. Sie beobachten ihren Kameraden, den wachhabenden Funker Karl Kasten, sehen ihm über die Schulter, wenn er einlaufende Nachrichten notiert und warten. Draußen heult der orkanartige Sturm. Das ununterbrochene Röhren der Brandung am nahen Strand ist bis in den Raum hinein durch das Pfeifen und Heulen des Sturmes zu vernehmen. Regen, zuweilen mit wehendem Dünensand untermischt, prasselt gegen die Fensterscheiben.

Plötzlich hebt der Wachhabende die Hand: „SOS!“ „· · · - - - · · ·“ drei kurz, drei lang, drei kurz: das internationale Seenotzeichen! Ein eindringliches Zeichen, Morsebuchstaben, die leicht und unmissverständlich gegeben und vom Hörer ebenso leicht abgenommen werden können. Ebenfalls dreimal folgen der Name und der Standort des Fahrzeugs, das Hilfe anfordert.

Kasten lauscht angespannt. Er schreibt auf, was der Kopfhörer verkündet. Ein anderer Mann notiert die Angaben, die gleichzeitig durch das Radiotelefon kommen. Aufmerksam hören alle mit. Eilig fliegt der Bleistift des Funkers über das Formular. Noch während er das Blatt weiterreicht, trifft ein Spruch der Küstenfunkstelle mit dem gleichen Inhalt ein. Heinz Hedden steht auf, tritt an die große in Planquadrate eingeteilte Seekarte, die eine der Wände bedeckt, und bezeichnet den Standort des in Seenot geratenen Fahrzeugs mit einem Bleistiftkreuz. „Britischer Frachter ‚Teeswood'“, wiederholt er die eingelaufenen Meldungen, „ist nordöstlich Rottum aufgelaufen, etwa eine Meile nordwestlich der Tonne Möwensteert-Nord. Er sitzt auf dem äußersten Ausläufer des Möwensteert-Sandes. Muss eine tolle See dort stehen“, fügt er hinzu. Eine schnelle Beratung folgt. Die Männer der Seenotwache kennen sich aus. Ihnen sind der Empfang von Notrufen und der sofortige Entwurf eines Rettungsplanes geläufig.

*

in der Fischerbalje
E/2011

Rottum - das ist die erste holländische Insel westlich von Borkum. Die TEESWOOD liegt also ganz in der Nähe auf Grund. Jeder auf der Station weiß folglich, was zu tun ist. Kasten greift zum Radiotelefon und teilt dem Frachter mit, dass man den Notruf verstanden habe und sofort Hilfe veranlassen würde. Riekhoff gibt einen Funkspruch gleichen Inhalts ab und Hedden ruft den Vormann des Borkumer Rettungsbootes an.

Wild peitscht der Sturm über die Insel. Borkum, die größte der Ostfriesischen Inseln, liegt weit draußen im Meer. Dort wo sich Emsmündung und Nordsee vereinen, liegt sie wie ein Außenposten inmitten der Wogen. Die Wucht des Windes zieht ungebremst über die Strände, die Deiche, die Dünen und die Wiesen. Der Regen prasselt gegen die Fenster der Häuser, die sich rund um die drei Leuchttürme ducken und sich gegenseitig zu schützen scheinen.

Licht brennt auch hinter den Fenstern in der Richthofenstraße, direkt gegenüber vom Alten Leuchtturm. Wilhelm Eilers, Vormann des Rettungsbootes BORKUM der Deutschen Gesellschaft zur Rettung Schiffbrüchiger, sitzt in seinem Sessel und liest. Aus der Küche klingt das Klappern von Geschirr: Alma Eilers bereitet das Abendessen vor. Die Kinder Wilhelmine, Theda und Hermann sehen kaum vom Spiel auf, als plötzlich das Telefon schrillt. Ahnungsvoll erhebt sich der Vormann, legt die halb gerauchte Zigarre sorgsam in den Aschenbecher, lässt die Zeitung in den Sessel gleiten und hebt den Hörer ab. Wehmütig schnüffelt er noch einmal in Richtung Küche, aus der Bratkartoffelduft und der Geruch gebratener Schollen herüberziehen. Dann meldet er sich. „Hier ist Heinz Hedden von der Seenot-Funkstelle Borkum", klingt es aus dem Hörer. „Habe vom englischen Dampfer ‚Teeswood' SOS aufgenommen. Der Dampfer bittet dringendst um Rettungsboot und Bergungsschlepper."

„Verstanden", sagt Eilers, als der Sprecher eine kurze Pause macht. „Weiter, bitte." Der genaue Standort des Dampfers wird angegeben. „Verstanden", bestätigt der Vormann. „Ich laufe sofort aus. Ende!" Eilers drückt den Hebel des Apparates nieder und wählt zweimal hintereinander eine Nummer. Er alarmiert seine beiden Stamm-Rettungsmänner Folkert „Skipperke" Meeuw und Christoffer Müller.

Der vierte Mann ist Jakob Lübben. Lübben hat noch kein Telefon und Wilhelm ruft seine älteste Tochter zu sich. „Wilhelmine, renn´ zu Jakob Lübben und alarmiere ihn. Wir treffen uns am Alten Turm." Wilhelmine reißt ihre Windjacke vom Haken und läuft los. Nur wenige Hundert Meter sind es von ihrem Haus in der Richthofenstraße bis zum Wiesenweg. Dort in der Nähe des Alten Zollhauses lebt Jakob Lübben. Schnell ist das dreizehnjährige Mädchen dort und klingelt an der Tür. Niemand meldet sich. Wie üblich auf Borkum ist die Haustür nicht verschlossen. Sie drückt die Klinke herunter und ruft ins Haus: „Herr Lübben! Herr Lübben. Hier ist Wilhelmine. Mein Vater braucht Sie. Sie müssen raus auf See!" Niemand meldet sich. Jakob ist bestimmt am Strand, wie viele Borkumer, wenn es stürmt. Wie kann er auch ahnen, dass er zu einem Einsatz gerufen wird.

Der Weg aus dem Dorf hinaus über die Reedestraße ist lang. Er führt hinter den südlichen Dünenreihen her, lässt die Signalstelle und den Elektrischen Leuchtturm rechts liegen und läuft neben der Inselbahn zum Hafen. Höchste Eile ist geboten; deshalb bestellt Eilers ein Taxi. Bevor er losfährt, nimmt er die Seekarte auf, die er stets griffbereit hält und markiert die Strandungsstelle. Besorgt schüttelt er den Kopf. Er kann beurteilen, was es bedeutet, wenn dort auf dem Möwensteert ein Fahrzeug auf Sand gerät. Er weiß, wie schwer die Grundseen und wie mörderisch die Brecher sind, die es auszuhalten hat.

Alma Eilers hat in der Küche die Telefongespräche ihres Mannes mitgehört. Sie steht plötzlich im Türrahmen; ihre Rechte streichelt den blonden Kopf des Jüngsten Sohns Hermann, der durch die ernste Stimme seines Vaters ein wenig erschrocken ist. „Ist es wieder so weit, Willy?", fragt sie. Eilers sieht von seiner Seekarte auf, faltet sie zusammen, legt sie weg. „Ja", sagt er kurz. „Eine Meile nordwestlich Möwensteert-Nord-Tonne. Englischer Dampfer sitzt dort auf Grund."

Mehr zu sagen ist nicht nötig, die beiden verstehen sich auch so. Alma nickt und lächelt ihrem Mann zu. Nur zu gut kennt sie diese Sturmnächte, in denen ein Telefonanruf, eine SOS-Meldung die Gemütlichkeit des abendlichen Zusammenseins immer wieder jäh zerreißt. Sie ist eine Seemannsfrau, dennoch aber wird sie jedesmal aufs Neue von Sorge gepackt, wenn ihr Mann hinaus muss. Als einziger Trost bleibt ihr das Vertrauen in die hervorragende Seemannschaft, in die Erfahrung ihres Mannes und seiner Kameraden und nicht zuletzt in die erprobte Seetüchtigkeit des Motorrettungsbootes BORKUM.

Eilers winkt seiner Frau und den Kindern und läuft zum Taxi, das schon mit laufendem Motor vor dem Haus an der Richthofenstraße klarsteht. „Fahr zum Alten Turm, da werden uns Folkert und Christoffer entgegenkommen", ruft er kurz dem Fahrer zu und wirft sich auf den Beifahrersitz. Nach wenigen Metern sehen sie Christoffer Müller um die Ecke rasen. Eiligst stellt er seine NSU-Quickly an den Zaun, rennt hinüber zum Wagen und reißt die rechte hintere Tür auf. Ein heftiger Windstoß fegt durch das Auto, als fast zeitgleich die andere Tür aufgerissen wird und Folkert Meeuw in den Wagen steigt.

Die beiden alarmierten Rettungsmänner sitzen kaum, als der Fahrer auch schon ohne zu zögern Gas gibt. Er weiß, dass jede Sekunde zählt. Die beiden Rettungsmänner wischen sich den Regen aus dem Gesicht: der kräftige, stämmige Motormann des Bootes, der 59 Jahre alte Folkert B. Meeuw aus der von-Frese-Straße und der 29-jährige Rettungsmann Christoffer Müller aus der Hindenburgstraße, nahe beim Großen Leuchtturm.

„Was liegt an, Willy?“, erkundigt sich Folkert, während Christoffer die klatschnasse Mütze vom Kopf zieht. Eilers sieht Folkert Meeuw lächelnd an. „Wie hast du das fertiggebracht, bei dem weiten Weg so schnell hier zu sein?“ Immerhin wohnt der Motormann in der Nähe der Signalstelle. Folkert grinst nur, zuckt die Schultern und wiederholt seine Frage. Der Vormann instruiert die beiden mit kurzen Worten und wirft einen Blick auf die Uhr. „Keine Zeit mehr, auf Jakob zu warten. Ich denke, wir drei schaffen das auch allein. Sonst bricht uns der Dampfer auseinander, ehe wir eintreffen. Muss heute eine tolle Grundsee da draußen stehen.”

Der Fahrer schaltet die Gänge ein und fährt los. Zu sehen ist fast nichts. Aber er kennt die Straße genau und hat die Bootsbesatzung schon oft in Seenotfällen zum Hafen gebracht, dort wo das Boot liegt. Regen und Sand schlagen gegen die Windschutzscheibe, über die die Scheibenwischer hastig ihre Halbkreise beschreiben. Mit beiden Händen muss der Fahrer steuern: Böen versuchen den Wagen zur Seite zu drücken und von den Klinkersteinen der Straße in die Grasnarbe zu schleudern. Gegen den dunklen Himmel erkennt man jetzt die hellen Dünenreihen der Kiebitzdelle, später die niedrigeren Hügel der Süd- und Woldedünen. Lauter wird das Dröhnen der Brandung. Der Wagen hat nun am Rand des breiten Südstrandes den Eisenbahndamm erreicht, auf dem der kleine Zug der Borkumer Kleinbahn das Dorf mit dem Hafengelände verbindet. Flugsand wird von den Rädern des Autos aufgewirbelt, er zieht hektisch in zerfetzten Schleiern über die Außenweiden, die sich weit nach Osten im Watt verlieren.

Gelbe, rote und grüne Lichter blinken. Aus der Dunkelheit tauchen Masten und Tauwerk auf. Aus dunklen Schiffsumrissen leuchten gelblich einige kleine Fenster - Kajütenfenster, deren Schein sich im Hafenwasser spiegelt, Fischerboote, wattfahrende Tjalken und Küstenfahrer, die an der Pier festgemacht haben, lassen ihre Masten und die zum Trocknen aufgehängten Netze in den Nachthimmel ragen. Wie ein dürres Gespenst ragt ein Kran hoch in den Himmel. Darunter an den Kais der Südmole liegen die flachbodigen eisernen Schleppprähme, beladen mit Baumaterial für die Buhnen. Der Wagen hält. Die Männer sind da, springen heraus und stürmen zu ihrem Boot. Der Fahrer ruft den Davoneilenden etwas zu. Aber niemand hört es, der Sturm verschlingt seine Worte. Nur fünfundzwanzig Minuten nach Eintreffen des Notrufs verlässt das Rettungsboot BORKUM den schützenden Hafen. Lediglich drei Mann Besatzung sind an Bord - ganze drei Mann bloß, und der Sturm hat Orkanstärke erreicht!

Die BORKUM ist eines der neuen Motorrettungsboote, 1944 aus Eisen gebaut, 14

Meter lang, 4,55 Meter breit mit einem Tiefgang von 1,40 Metern. Der Propeller des 150 PS starken Motors bringt das Schiff auf 8,5 Seemeilen in der Stunde. Die Brennstofftanks des Doppelbodens fassen einen Brennstoffvorrat, der für eine Fahrt zur englischen Küste und zurück ausreichen würde. Das Boot ist nahezu unkenterbar gebaut, es kann der schwersten Brandung und der furchtbarsten Grundsee trotzen. Der breite Kiel ermöglicht es dem Boot, auch über flache Stellen hinwegzugleiten, ohne Beschädigungen zu erleiden. Selbst wenn sie zwischen zwei Seen auf Grund aufschlägt oder festkommt, sitzt sie nicht fest wie die TEESWOOD, sondern kann von der Untiefe wieder herabgleiten. Im stählernen Turmaufbau befindet sich der Steuerstand des Vormanns. Von dort aus - ebenso wie vom darunterliegenden Ruderhaus - kann Eilers das Ruder bedienen, den Vor- und den Rückwärtsgang einschalten und mit einem Stellhebel die Geschwindigkeit regulieren. Im Ruderhaus sind Radiotelefonie, Radio-Empfangs- und Sendeanlagen untergebracht, die der Motorenmann Folkert Meeuw bedient. Das Boot steht in ständiger Funkverbindung mit den Seenot-Funkstationen der Inseln und der Küste, außerdem mit den großen Küstenfunkstellen, die den Funkverkehr mit den Schiffen durchführen. Es kann aber auch mit einem in Seenot geratenen Fahrzeug, das eine oder mehrere dieser Einrichtungen besitzt, direkt kommunizieren. Geschützte Räume liegen unter Deck, in denen die Schiffbrüchigen versorgt und verpflegt werden können.

Noch während des Loswerfens von der Pier um 18 Uhr 35 hat Eilers die Seenot-Funkstelle Borkum und die Küsten-Funkstation Norddeich-Radio gebeten, Funkverbindung zwischen der TEESWOOD und dem Rettungsboot BORKUM zu vermitteln. Dann läuft er aus und steuert, zunächst noch im Windschutz des langen Leitdamms im Fahrwasser der Fischerbalje, westwärts. An Backbord liegt wie ein einziges tobendes und unübersehbares Meer von Gischt der große Randzel-Sand, über den die beiden Randzel-Bakenfeuer ihre weißen, grünen und roten Blinke senden. „Wie farbige Augen, die uns beobachten", murmelt der junge Rettungsmann Christoffer Müller vor sich hin. Dann hält er sich mit der Linken an der Turmreling fest. Das Boot dreht auf und schießt um die äußerste Tonne hinter der Fischerbalje in das breite Fahrwasser des Randzelgat. Als die BORKUM den Windschutz des Leitdammes verlässt, muss sie sofort bei gegenanstehendem Sturm und anlaufender Flut ihre erste tiefe Verbeugung vor der heranrasenden Sturmsee machen. Hier auf Reede hat sich eine langausholende See gebildet, die ihren Salzwasserschwall voll über das Boot stürzen lässt. Gleichzeitig fallen Hagelböen über das Rettungsboot und seine Männer her. Jede Sicht ist ausgelöscht. Nordweststurm und Flut stehen gegenan, das Schlimmste, das in diesem Revier passieren kann.

Mit zusammengekniffenen Augen steht der Vormann breitbeinig hinter dem Ruder. Eilers stammt zwar von der Nachbarinsel Juist, aber er kennt das Borkumer Fahrwasser von vielen Fahrten her wie seine Westentasche. Er hat es bei jedem Wetter befahren. Er kennt genau die Lage der Fahrwassertonnen, er kennt die Leucht- und Wracktonnen und die Feuer des Neuen Leuchtturms und des Elektrischen Leuchtturms, der beiden Borkumer Leuchttürme, die den Weg von Hubertgat und Westerems zur Reede weisen. Unzählige Rettungsfahrten hat er schon gemacht - von der holländischen Insel Schiermonnikoog bis hinauf nach Sylt. Zwischen See und Küste gibt es nichts, was ihm unbekannt geblieben wäre. Und auf die beiden Rettungsmänner, den erfahrenen Meeuw und den jungen Müller, kann er sich verlassen wie auf sich selbst. Aus vielen gemeinsamen Sturmfahrten weiß Eilers, dass die beiden jeder Lage auf See gewachsen sind.

Ununterbrochen laufen die Notrufe des gestrandeten Frachters ein. Der Vormann erfährt durch Radiotelefonie, dass der auf der Ems stationierte Bergungsdampfer SEEFALKE bereits in die Nähe des Gestrandeten gelaufen ist. Er unterrichtet das Rettungsboot laufend über die Lage beim Havaristen. „Schlimm muss es dort aussehen", meint Eilers und sieht Müller bedeutungsvoll an. „Schwere Brecher überrollen den Frachter, wer weiß, wie lange der das aushält."

„ ‚Seefalke` hat zuviel Tiefgang", schüttelt Müller den Kopf, „die kann nichts machen. Wir müssen ‚ran." Sie schweigen und denken daran, wie lange es dauern wird, bis die unablässig auf Eisen und Stahl herabdonnernden Wassermassen mit ihrem ungeheuren Gewicht den Frachter zerschmettern werden.

Stetig zieht die BORKUM ihren Kurs durch die Wogen. Fast ständig ist sie unter anstürmenden Seen begraben, doch immer wieder schnellt sie wie eine Möwe hoch und gleitet die langen Rücken hinab, stampfend und schlingernd. Niemand außer diesen sturmgewohnten Rettungsmännern könnte sich an Bord halten und bewegen. Die BORKUM passiert den Lotsendampfer, der unweit der Fischerbalje-Tonne stampfend an langausgestreckter Kette verankert liegt. Dann kommt sie in die Gruppenfeuer der starken Blitze des Großen Leuchtturms, läuft dem rasenden Sturm gerade in die Zähne und nimmt einen der wild anrauschenden Brecher nach dem anderen über. Das einzig Beständige in diesem Aufruhr der Natur bleibt das gleichmäßige Dröhnen des Motors. Schatten und Lichter tauchen auf, bleiben minutenlang sichtbar und verschwinden wieder im Rauschen des Regens und im Prasseln der Hagelböen. Es sind auf Reede vor Anker liegende Fahrzeuge, deren Lichter kaum erkannt, von der Unsichtbarkeit ausgelöscht werden und in die Finsternis der Sturmnacht zurücksinken. Mit zusammengebissenen Zähnen hören die beiden auf dem Turm immer wieder die Notrufe des englischen Frachters. Plötzlich reißt der Sturm die Wolkenfetzen auseinander, die Sicht bessert sich, die Leuchtfeuer kommen heraus. Das hohe Eisengestell der Möwensteert-Nord-Tonne mit seinem Kreuz auf der Spitze tanzt, oft von hohen

Wogen völlig verdeckt, einen irrsinnigen Tanz über die Grundsee. Nach einer halben Stunde, gegen 19 Uhr, blendet greller bläulicher Schein zwischen den steilen Kämmen der Seen auf: „Blaufeuer! Flackerfeuer!", schreit Eilers. „Das ist sie!"

Er ändert ein wenig die Richtung, hält sich an der Westseite des Randzelgat-Fahrwassers und nimmt Kurs auf die Strandungsstelle. Plötzlich bricht nicht weit im Nordwesten ein kalkweißer Scheinwerferstrahl aus der Finsternis, sucht zitternd herum, trifft auf Wolken, geht tiefer und findet den gestrandeten Dampfer. Nach einigen kleinen Schwankungen durch den Seegang bleibt er fest auf die TEESWOOD gerichtet.

„Das ist ‚Seefalke'!", ruft der Vormann. „Hält ihren Scheinwerfer auf den Engländer!" „‚Seefalke' liegt dicht bei der Westerems HI-Tonne vor Anker!", brüllt Christoffer laut zurück, kaum zu verstehen gegen den tosenden Lärm des Sturms. „Die Wracktonne dicht dabei kam eben auch in Sicht. Ich sah ihr grünes Licht rechts vom Bergungsschlepper", ruft er noch und sucht mit den Augen nach dem Frachter im hellen Lichtkegel. So nah das grelle und starke Scheinwerferlicht auch zu sein scheint - bei den Grundseen und der gegenanlaufenden Flut braucht Vormann Eilers doch noch eine weitere halbe Stunde, bis er sein Schiff in die Nähe des Engländers gebracht hat. Wie ein großer Schatten liegt die sterbende TEESWOOD vor ihnen. Sekundenlang sichtbar und dann wieder schwindend im Geprassel der Hagelböen, im Stieben der Regenschauer. Endlich bessert sich die Sicht etwas. Es ist 19 Uhr 35, als die BORKUM den Frachter erreicht. Es ist genau der Augenblick, in dem der Dampfer eine neue, unheilvolle Meldung abgibt: „Schiff bricht durch! Vorschiff voll Wasser!"

Das Rettungsboot ist jetzt nahe genug heran, um den eigenen Scheinwerfer benutzen zu können. Wilhelm Eilers schaltet ihn ein, Christoffer Müller nimmt den Haltebügel fest in seine linke Hand und dreht den starken Lichtstrahl auf den Dampfer. Er muss nun den Kegel des Lichts genau auf der Wasseroberfläche halten, damit der Vormann näher an den Frachter steuern kann. Auch Folkert Meeuw kann nun seine Position im Maschinenraum verlassen und kommt hoch an Deck. Was die drei entsetzten Rettungsmänner sehen, ist niederschmetternd: Gewaltige Brecher schäumen von achtern her über das unglückliche Schiff. Offenbar ist der Frachter inzwischen schon tiefer in den Sandgrund gesackt. Die TEESWOOD lässt sich nicht mehr retten: „Sie liegt genau mit ihrem Heck gegen Sturm und See", ruft Eilers. Mit einem einzigen Blick erkennt er den Ernst der Lage. Müller schüttelt betroffen den Kopf: „Überhaupt keine Leeseite! Wie sollen wir da herankommen?"

Der Vormann 2/2011

Er hat recht: Die Grundseen fegen genau von achtern über den Dampfer. Das Heck verschwindet fast dauernd unter den Wogen. Deshalb hat sich der größere Teil der Besatzung schon auf das Vorschiff gerettet, obwohl die Männer auch dort von den auslaufenden Seen hüfthoch überspült werden. Der kleinere Rest hält die Brücke besetzt. Eilers überlegt blitzschnell. Was soll er tun? Windschutz ist nicht vorhanden. Es ist nicht möglich, ohne Gefahr näher heranzugehen und vielleicht sogar längsseits zu gehen. Aber er muss die Besatzung schnellstens herunterholen, jeden Augenblick könnte das Schiff völlig auseinander-brechen. Jeder Augenblick könnte der letzte sein.

Noch einmal überprüft der Vormann den Frachter, seine genaue Lage zum Seegang, die Höhe und die Stärke der heranrollenden Seen. Dann hebt er den Kopf, streicht mit unwilliger Bewegung das Haar unter den Südwester zurück und ruft den beiden Rettungsmännern seinen Entschluss zu: „Ich gehe an die Backbordseite vom Dampfer! Scheint ein kleines bisschen günstiger zu sein. Wir müssen die Besatzung von der Backbordseite her übernehmen.“ Unten an Deck des Rettungsbootes hebt Folkert Meeuw die Hand. Er hat verstanden. Breitbeinig, eine Hand um die Reling geklammert, stellt er sich klar und wartet auf den Anlauf des Bootes.

„Wenigstens ist das Schiff gut beleuchtet“, murmelt Christoffer vor sich hin, während der Vormann mit einem lauten: „Aufpassen. Ich laufe an!“ den Fahrtstufenhebel auf hohe Geschwindigkeit schiebt.

*

Während das Borkumer Rettungsboot ausläuft und sich unbeirrt durch die schweren Seen heranarbeitet, kämpft die Mannschaft der TEESWOOD gegen das immer bedrohlicher werdende Unheil. Der erste Versuch, den Dampfer durch Rückwärtsmanöver vom Sand herunterzubekommen, ist missglückt. Der Kapitän ruft den Ersten Ingenieur auf die Brücke. „Glauben Sie, Chief, dass wir die Maschine noch einmal mit Rückwärtsgang zum Laufen kriegen?“ Der Erste Ingenieur, der in seinem dünnen Leinenjackett erbärmlich friert, sucht vergeblich Schutz vor dem Spritzwasser. Er zuckt die Schultern: „Versuchen kann ich es, Sir. Aber ob es Erfolg hat . . .“ „Könnte doch möglich sein“, unterbricht Crawford. „Versuchen Sie‘s!“

Der Erste Ingenieur verlässt die Brücke. Nur langsam kommt er voran. Hohe Seen laufen über das Schiff hinweg. Es gilt, den richtigen Augenblick abzupassen, um zum Maschinenraum zu gelangen, der sich im achternen Aufbaudeck befindet. Die Männer auf der Brücke beobachten besorgt, wie der Erste Ingenieur zwischen zwei anbrandenden Wogen mit hastigen Sätzen über das Deck springt. Ein unterdrückter Aufschrei! Er ist ausgeglitten und hingefallen. Schon wölbt sich die Brust einer riesigen See viele Meter hinterm Heck hoch. In wenigen Sekunden nur wird sie den gestürzten Chefingenieur über Bord spülen. Mit einem letzten verzweifelten Satz rappelt er sich wieder auf und erreicht die Schotttür zum Achterschiff und reißt sie auf. Dann stürzt er in den Gang. Eine Sekunde, bevor die Woge heranschießt, knallt er die Tür dicht. Hinter ihm überschwemmt ein mannshoher, tosender Wirbel das Deck.

Die Männer der TEESWOOD warten auf das Drehen der Schraube. Bei der Lage des Hecks ist es unmöglich zu erkennen, ob Schraubenwasser zwischen der alles überdeckenden Gischt aufwirbelt. Unmöglich ist es auch, bei dem steten Beben und Zittern des Schiffskörpers das vertraute leise Schüttern der mahlenden Schraube zu spüren. Die Zeit scheint den sorgenvoll wartenden Männern stillzustehen. Kein noch so schwaches Anzeichen verrät ihnen, ob den beiden Ingenieuren im Maschinenraum der Versuch glückt. Stattdessen spüren sie neue, schwere Erschütterungen unter ihren Füßen. Der Rumpf des Frachters beginnt in unregelmäßigen Abständen heftig auf den Grund zu stoßen.

Die Offiziere sehen sich entsetzt an. „Das hat uns noch gefehlt!“, schreit der Zweite dem Ersten zu. „Das hält sie nicht lange aus.“

Und immer noch keine Meldung von den Ingenieuren. Dass die Telegrafenanlage zur Maschine seit längerer Zeit zerstört ist, wissen die Offiziere auf der Brücke. Aber das Sprachrohr funktioniert doch! Warum melden sich die Ingenieure nicht?

Erneut erschüttern schwere Stöße das Schiff. Jetzt scheint es Kapitän Crawford am wichtigsten, das Deck dauernd zu beobachten, denn ein Nachgeben der Verbände ist jeden Augenblick zu erwarten. Wenn es nicht sofort bemerkt wird, kann das für die Ingenieure verhängnisvoll werden. Er muss sie rechtzeitig warnen und heraufholen. Ein heller, scharfer Knall, dem weitere explosionsartige Geräusche folgen, lässt Kapitän Crawford zusammenfahren. Weit über die vordere Brückenreling gebeugt, beobachtet er das vom Scheinwerfer der SEEFALKE bestrahlte Mitteldeck. Das Unvermeidliche, das jedermann an Bord befürchtet, tritt ein. Mittschiffs, zwischen Brücke und Vorschiff, beginnen die Eisenplatten nachzugeben. Sie reißen - eine nach der anderen. Quer über das ganze Deck zieht sich ein Spalt, der sich bei jedem herabrauschenden Brecher geisterhaft verbreitert.

„19 Uhr 15“, notiert der Kapitän in Gedanken. Er wendet sich um und stößt den nächstbesten Matrosen an: „Runter zu den Ingenieuren! Sie sollen sofort auf die Back kommen! Schnell, Beeilung!“ Der Mann begreift sofort. Er rutscht, noch ehe der Kapitän ausgesprochen hat, blitzschnell den Niedergang hinab, wartet den nächsten Brecher ab, springt über das Deck und verschwindet im Achterschiff.

„Alles runter aufs Vorschiff! Schnell!“, brüllt der Kapitän. Die Besatzung hat auf diesen Befehl gewartet. Eiligst springen die Männer die beiden Niedergänge an Steuerbord- und Backbordseite hinab und rasen zwischen zwei überkommenden Seen durch das hin und her schwappende Wasser über das Mitteldeck. Sie springen über den schon bedrohlich erweiterten Riss und sammeln sich atemlos keuchend auf der Back. Nur wenig später folgen auch die beiden Ingenieure und der Matrose. Kurz hinter ihnen klafft der Riss kreischend auseinander, während sich das abgetrennte Achterschiff abwärts neigt. Eisenplatten knirschen und krachen, eiserne Längsträger knacken und brechen, Ströme von Seewasser rauschen durch den Spalt ins Schiffsinnere. Den Twistballen in der Linken, drängt sich der Erste Ingenieur zum Schiffsführer durch: „Sir, die Maschine habe ich bedient. Den Zweiten musste ich in den Heizraum schicken, um die Kessel zu feuern, weil ich kurz vorher die Heizer ‚raufgesandt habe. Der Dampfdruck war gesunken und reichte nicht mehr aus. Darum dauerte es so lange, bis ich die Maschine rückwärts laufen lassen konnte. Sie lief auch, haben Sie das bemerkt?“ „Unmöglich zu beobachten, Chief. Sehen Sie nach achtern! Bei dieser See ist das bisschen Schraubenwasser vom Schaum der Brecher nicht zu unterscheiden.“ Der Erste Ingenieur, nass und verfroren, kann sich kaum noch auf den Beinen halten. Er bewegt ablehnend die Hand. Was der Alte ihm da zuschreit, mochte wohl stimmen. Eines Beweises bedarf es für ihn bei dem Aufruhr der Elemente ringsum nicht mehr. Er gibt sich Mühe, mit seiner Stimme das Getöse zu übertönen:

„Die Maschine lief kurze Zeit, dann erschien auch schon der Seemann. Ich stellte ab und ging mit ihm nach oben.“ „Hatte auch keinen Sinn mehr”, ruft Crawford. „Aber das konnte ich vorher nicht wissen. Danke, Chief!“ Er weist mit der Rechten aufs Mitteldeck. Der eben noch meterbreite Spalt ist wie ein riesiges gähnendes Maul auseinandergeklafft. Eine Schlucht hat sich aufgetan, eine unterirdische Höhle ist entstanden, die bei jeder hereinrollenden Grundsee viele Tonnen kalten Salzwassers verschlingt. Über die Back wehen Gischt und Schaumfetzen, es ist eiskalt. Die Männer drängen sich eng zusammen. Niemand hat noch einen trockenen Faden am Leibe. Einige haben keine Mäntel, sie sind mit dem, was sie gerade anhaben, aus dem Logis, aus Kombüse und Pantry, aus Segellast und Kabelgat heraufgestürzt. Der japanische Schiffssteward Mun Junni und der südafrikanische Schiffskoch Coffee Mensaki zittern vor Kälte und Nässe. Sie suchen mitten unter den englischen Matrosen Schutz und Deckung. Der wütende Orkan scheint ihnen allen die Kleider vom Leibe und das Fleisch von den Knochen reißen zu wollen. Mit angstvoll geweiteten Augen steht der kleine Messejunge Michael zwischen den anderen. Er ist zur See gegangen, weil er die See liebt. Denn auch sein Vater fuhr auf einem Frachter zur See und schon sein Großvater hatte als junger Mann auf den großen Seglern die Weizen- und Wollreisen nach Australien mitgemacht. Und nun dieses Unglück - es ist ein wenig zuviel für den Jungen. Er hat seinen Dienst getan, in der Kombüse dem Smut Coffee Mensaki geholfen und in der Messe den Kapitän und die Schiffsoffiziere bedient. Alle sind nett und freundlich zu ihm, er ist gern an Bord, und nun? So ein Wetter hat er noch nie erlebt. Der Gegensatz zwischen dieser Katastrophe und dem sonstigen Leben an Bord ist zu groß, ist zu plötzlich hereingebrochen. Verwirrt sieht der Junge hinüber zur Insel Borkum, die so weit entfernt und unerreichbar scheint. Er beobachtet die Blitze des Leuchtturms, die so regelmäßig erscheinen, verschwinden und wieder auftauchen. Er sieht die Lichter der Fahrzeuge auf Außenreede und das weiße und rote Blinken der Leuchttonnen. Er fühlt sich klein, ohnmächtig und unfähig, etwas für die eigene Rettung zu tun. Jedesmal, wenn ein neues Knirschen, Knacken und Krachen anzeigt, dass dieses schreckliche, klaffende Loch quer überm Mitteldeck sich vergrößert, faltet der Junge unwillkürlich die Hände: „Hilf, lieber Gott, lass uns hier herauskommen, bitte!"

Das ruckweise Zittern des ganzen Schiffes hört nicht auf. Brecher hämmern gegen die Bordwände. Alles scheint dem Jungen unwirklich und spukhaft wie ein böser Traum, aus dem er bald zu erwachen hofft. Er denkt daran, wie noch vor wenigen Stunden die Freiwache im Mannschaftsraum auf ihren Kojen gelegen hat. Er erinnert sich, wie zwei Seeleute im Kabelgat Farbe und Pinsel gesucht und wie der Zimmermann in der Segellast eine Persenning ausgebessert hat. Er denkt auch daran, wie er den Nachmittagstee aus der Kombüse geholt und ihn dem Kapitän und dem Wachhabenden auf die Brücke gebracht hat. Er ist stolz darauf, der kleine Schotte aus Aberdeen, dass er längst gelernt hat, Kanne, Tassen und Teller samt der zinnernen Zuckerdose und dem blauweiß gemusterten Milchtopf heil bei schwerem Wetter zum Kartenhaus zu schaffen. Und jetzt stehen sie hier alle zusammen mit ihrem Kapitän und den Schiffsoffizieren - ein kleiner Haufen geschlagener Männer, halberstarrt vor Kälte, mit nassem, teilweise steifgefrorenem Zeug. Sie stehen auf den glitschigen, gischtübersprühten Eisenplatten der Back, und immer noch ist kein Boot in Sicht, das sie im letzten Augenblick dem sicheren Tod entreißen könnte. „Es ist ja wohl unmöglich, dass ein Boot kommt", murmelt der Junge, „unmöglich bei dieser See und diesem Orkan!"

Das gleiche Gefühl der Ohnmacht hat auch die übrige Besatzung befallen. Wehrlos sind die Männer dem Unwetter ausgesetzt, klappernd vor Kälte erwarten sie das Ende. Und doch, tief im Innersten glauben sie trotz alledem an Hilfe. Sie glauben an das Rettungsboot, das der Kapitän gerufen hat. Dass der große Hochseeschlepper nichts zu ihrer Rettung veranlassen kann, ist allen klar. Auf und nieder, hin und her gleitet der Scheinwerfer und hält die TEESWOOD fest, ein starres Riesenauge, das scheinbar kühl und unbeteiligt auf ihr Ende lauert. Und doch ist es gerade dieser hilfreiche Scheinwerfer, der für ihre Rettung so wichtig sein wird.

Kapitän Crawford zwingt sein Gefühl, irgendetwas zu sagen. Das wortlose Schweigen der Besatzung ist ihm unerträglich. Die Männer wirken wie eine kleine versprengte Herde, in die Blitz und Donner geschlagen waren. Er wendet sich an den Ersten Offizier. „Der Wind scheint jetzt eine winzige Spur von Steuerbord achteraus zu kommen, Mr. Gill. Trotzdem, wir liegen genau auf Südostkurs zum Nordweststurm. Es genügt nicht. Sollte ein Boot kommen, dann hat es keine Leeseite. Wie die herankommen wollen . . ."

„Sir", unterbricht der Zweite. „Erinnern Sie sich, was Rettungsleute leisten? Kennen Sie die berühmten Sturmfahrten unserer Boote nach den Goodwin-Sands vor der Themse? Ich denke da an . . ."

„Boot in Sicht!" brüllt überlaut vor Erregung ein Heizer dazwischen. Wie elektrisiert richten sich alle auf. Es ist jener Augenblick, in dem Vormann Eilers seinen kleinen Bootsscheinwerfer angestellt hat und Christoffer Müller den starken Lichtstrahl auf die TESSWOOD richtet. Irgendwo im Getümmel der Seen zuckt ein Strahl auf, verschwindet, erscheint wieder und fährt auf und nieder. Jetzt bleibt er wie ein deutender Finger auf dem Vorschiff des Wracks haften. Kapitän Crawford hebt sein Doppelglas. „Das ist ein Rettungsboot! Tatsächlich, sie sind doch gekommen", murmelt er erleichtert vor sich hin. Merkwürdige Boote haben sie, denkt der Kapitän, sie sehen mit ihrem hohen Turm in der Mitte fast wie U-Boote aus. Und wie es gegen die See arbeitet! Toller Typ, staunt Crawford, zwar schlägt die helle See über das ganze Boot, aber es muss sehr leicht sein, denn es gleitet immer wieder wie ein großer Seevogel über die Rücken der Wogen. Weiß und leicht, wie eine Möwe, so kommt es ihm unwillkürlich in den Sinn.

„Der Käpt´n drüben auf dem Boot", schreit er erfreut dem Ersten zu, „merken Sie's? Der hat erkannt, dass die Backbordseite ein klein wenig günstiger für ihn liegt. Scheint am Backbordbug herankommen zu wollen!"

Näher und näher stampft und rollt die BORKUM. Sie versucht den Bug der TEESWOOD an Backbordseite zu erreichen. Jetzt erkennen sie von der Back des Frachters Einzelheiten auf dem Boot. Zwei Männer in Ölzeug stehen im Steuerstand auf dem Turm. Ein dritter hält sich unten an Deck klar. Sie lesen die schwarzen Lettern des Namens „Borkum“ am breiten Vorschiff und erkennen die weiße, schwarzgeränderte Flagge mit dem roten Kreuz der Deutschen Gesellschaft zur Rettung Schiffbrüchiger in der Mitte.

Das Rettungsboot schiebt sich heran. Es kommt auf gleiche Höhe mit dem Bug des Wracks. Die nächste Grundsee aber wirft es wieder zurück. Doch es kämpft weiter. Mit vermehrtem Schwung schießt es vor. Dann verhindert schließlich eine gewaltige See alles. Sie schwingt zwischen Dampfer und Boot durch und schiebt das Rettungsboot beiseite. Das Manöver ist misslungen. Eilers muss einen neuen Anlauf fahren. Er winkt den Schiffbrüchigen zu, und noch im Abdrehen blitzt eine Morselampe vom Turm auf. Laut rufen die Männer des Frachters die Buchstaben des Morsespruchs aus, und der Zweite meldet den Inhalt: „Wir sollen den Anker fallen lassen, Sir!“

Kapitän Crawford will seinem Ersten einen Befehl zurufen. Aber der ist schon mit dem Zweiten und ein paar Matrosen dabei, den Wunsch des Vormanns des Rettungsbootes auszuführen. Der Bootsmann lockert die Spillbremse. Andere nehmen die Stopper ab, von denen die Ankerkette an Deck festgehalten wird, und treten mit den Füßen gegen die Kette. Sie ruckt ein paarmal einen halben Meter aus, ehe der Anker aus der Klüse fährt. Im Sturm klingt das sonst so laute Rattern der Kettenglieder nur dünn und verweht. Der Erste, mit halbem Leib über die Relingskette der Back gelehnt, gibt das Zeichen, weiter Kette auslaufen zu lassen. Kaum ist das Zeichen gegeben, kommt die schwere Kette zum Stillstand: Der Anker liegt auf dem Grund. Die Seeleute setzen die Stopper wieder auf, die nun die Kette auf der Back festhält. Der Erste zeigt klar, und Crawford hebt bestätigend die Hand.

Kapitän und Offiziere der TEESWOOD haben die Absicht des Rettungsbootes sofort verstanden. Wenn der schwere Anker in der Klüse hängenbliebe, bestünde die Gefahr, dass die auf und nieder schleudernde BORKUM beim Heranscheren durch den weit herausstehenden Anker schwer beschädigt werden könnte. Das ist nun nach dem Fallenlassen des Ankers unmöglich geworden.

Eine schreckliche See steht. Das Rettungsboot versucht einen zweiten Anlauf. Es kommt heran, streicht dicht unter dem Bug durch und schert an der Backbordseite vorbei. „Springen! Jump, springt!“, rufen die Rettungsmänner herüber. Doch niemand wagt den Sprung. Unmöglich auch, eine Leine hinüberzuwerfen. Das Rettungsboot dreht vom Wrack ab, läuft vor dem Sturm zurück und verschwindet hinter den riesigen Kämmen. Dann taucht der kleine Scheinwerfer wieder auf: Die BORKUM

versucht es zum dritten Male. Dicht zusammengedrängt, vollkommen durchnässt, schaudernd vor Kälte beobachten die Männer der TEESWOOD das Manöver. Sie sehen, wie sie sich herankämpft, wie sie mit breitem Bug wehende Schaumfahnen aufwirft und oft völlig in der Gischt und im Schwall der Brecher verschwindet. Die Offiziere wagen es nicht, vor den Matrosen und Heizern zu springen. Sie warten darauf, mit dem Kapitän zusammen als Letzte von Bord zu gehen.
„Bloody hell!", ruft der Kapitän. „Er versucht es noch einmal! Ein toller Bursche dieser Vormann da drüben! So etwas habe ich noch nicht erlebt!"

Kapitän Crawford überlegt. Er sieht sich um: Da stehen sie, die Offiziere und Männer seiner Besatzung und sehen fasziniert und entsetzt auf das wild stampfende kleine Boot, das sich jetzt erneut zu ihnen kämpft. Doch keiner will springen. Neben dem Kapitän steht der Zweite Ingenieur. Kapitän Crawford hat seinen Entschluss gefasst. Ein Beispiel muss gegeben werden, und er ist der Einzige, dessen Beispiel die Männer mitreißen kann. Er, der Kapitän, hat zu zeigen, dass der Sprung gewagt werden muss und gewagt werden kann. Der Entschluss fällt dem alten Seemann Crawford äußerst schwer. Das Gesetz der See fordert, dass ein Kapitän als Allerletzter sein sinkendes Fahrzeug verlässt. Aber hier, das erkennt Crawford, fürchten sich alle. So würde die letzte Möglichkeit, gerettet zu werden, ungenutzt vorbeigehen und der Vormann auf dem Rettungsboot würde so bei jedem neuen Anlauf womöglich sein Leben und das seiner Männer umsonst riskieren. Das scheint dem englischen Kapitän unverantwortlich. Wenn er als Erster das sinkende Schiff verlässt, werden die Anderen es ihm nachtun, einerlei, ob er selbst dabei ertrinkt oder nicht. Er holt tief Atem, lässt den Blick über die Köpfe seiner Besatzung hinweg zum Rettungsboot gleiten und brüllt, so laut er kann: „Jungs! Entweder saufen wir ab oder wir wagen zu springen. Einer muss anfangen. Ich springe!" Unter den Männern entsteht Bewegung. Der Zweite Offizier befestigt den Handgriff des kleinen Koffers mit den Schiffspapieren an einem Stück Tau und legt es dem Kapitän um die Schultern. Aufmerksam beobachtet Crawford das näher heranstampfende Boot. Nun ist es querab vom Bug. Es wird nahe genug vorbeischeren, denkt er. Deutlich hören alle die lauten Rufe der Rettungsmänner: „Springen! Jump, for heaven's sake! Springt um Himmels willen!"

Crawford nimmt den Koffertampen von der Schulter, wirft den Koffer ins Boot hinüber und setzt selbst zum Sprung an - zu spät! Die wütende See drängt sich dazwischen und schleudert die BORKUM mit einem Ruck weitab von der Bordwand. Der weiße, gedrungene Bootskörper dreht sofort ab und läuft zurück. Dann läuft der Vormann zum vierten Male an. Er versucht das Äußerste und kommt diesmal noch näher heran, dicht am Dampferbug vorbei und an der Bordwand längs. Der rücklaufende Sog einer Grundsee fasst das Rettungsboot und wirft es krachend gegen den Dampfer. Die Engländer auf der Back halten den Atem an, als jetzt, gerade im richtigen Augenblick, Kapitän Crawford in das hoch geschleuderte Boot springt, das einen Sekundenbruchteil danach vom Dampfer freikommt. Crawford prallt an die runde Außenwand, verletzt sich am Kopf und wird von den zupackenden Fäusten der Rettungsmänner Christoffer Müller und Folkert Meeuw an Bord gezerrt. Er bleibt, die Hände um die Reling gekrampft, an Deck stehen, als nun das Boot zu seinem fünften Anlauf abdreht. Vergebens versucht Rettungsmann Folkert Meeuw den völlig durchnässten, aus einer Kopfwunde blutenden Engländer unter Deck zu bringen. Crawford sieht hinüber zu seinen Männern, die hoch über dem in einem Wellental taumelnden Boot auf der Back stehen. Auffordernd winkt er ihnen zu. Einige winken zurück. Der Erste Steuermann ruft etwas, das der Kapitän nicht versteht, weil die BORKUM sehr schnell da-vonschießt. Doch Crawford ist sehr froh. Ein glückliches Gefühl erfüllt ihn. Nicht, weil er den Sprung gewagt und nun aller Wahrscheinlichkeit gerettet ist. Das ist ihm im Augenblick gleichgültig. Aber er weiß, dass nun die anderen Mut fassen und beim nächsten Male gleichfalls springen würden. Ohne sein Beispiel hätten sie das niemals gewagt. „Sie werden springen", ruft er dem neben ihm stehenden Folkert Meeuw in die Ohren. „Beim nächsten Male springen sie bestimmt." Erstaunt sieht Meeuw auf. Er kann nicht begreifen, warum der englische Kapitän auf einmal fröhlich mit der Faust auf die Reling schlägt. „Kommen Sie, kommen Sie runter", mahnt der erfahrene Rettungsmann. „Rum müssen Sie haben, ein Pflaster und trockenes Zeug. Wir haben Zeit genug, bis wir wieder ran sind." „Danke sehr, nein!", schreit Crawford zurück. „Ich bleibe hier stehen, bis der letzte meiner Besatzung gerettet ist."

Zum fünften Male läuft die BORKUM reedeaufwärts. Eilers winkt den jungen Rettungsmann Christoffer Müller zu sich auf den Turm. „Ich muss diese Anläufe wiederholen, Christoffer. Wir kriegen sie anders nicht herunter. Sag das Folkert und dem Engländer, der schon gesprungen ist." „Es ist der Käpt´n selbst", erklärt Müller. „Er sagt, er habe springen müssen, weil sonst keiner springen würde. Er hat bestimmt recht!" „Gut, also sag ihm, er könnte beruhigt sein. Ich laufe so lange an, bis ich den letzten seiner Besatzung an Bord habe. Darauf kann er sich verlassen." Steuerbord voraus kommt die Möwensteert-Nordtonne in Sicht. Der Vormann ändert die Fahrtstufe und dreht sein Ruderrad nach Backbord: „Pass auf, Christoffer! Ich gehe auf Gegenkurs. Halt dich fest!"

So beginnt der fünfte Anlauf. Wilhelm Eilers setzt die Versuche fort und rettet bei seinen nächsten Manövern drei Matrosen, die im richtigen Augenblick gesprungen sind. Nur Seeleute können begreifen, was es bedeutet, sich während eines Orkans bei mörderischer Grundsee mit einem leichten Rettungsboot in die Nähe eines Wracks zu wagen, das auf flachem Grund festsitzt. Jeder Brecher, jede rücklaufende Grundsee kann das Rettungsboot mit ungeheurer Wucht gegen die Dampferbordwand werfen. Besonders gefährlich ist das Abdrehen, da das Boot dann quer zur See liegt. Das Ausmanövrieren dieser himmelhohen See erfordert außergewöhnliches seemännisches Geschick, ja, mehr als das: Es verlangt kühle Überlegung, persönlichen Mut und hohes Verantwortungsbewusstsein. Vormann Eilers und seine Helfer, Motorenmann Folkert Meeuw und Rettungsmann Christoffer Müller, besitzen diese Eigenschaften.

Einen Anlauf nach dem anderen fahren die Männer der BORKUM. Die Seeleute des Frachters haben durch den Sprung ihres Kapitäns Mut bekommen. Bei vielen ist es der Mut der Verzweiflung – aber bis jetzt sind schon sieben Mann gesprungen, sind von Christoffer Müller und Folkert Meeuw aufgefangen und mit Hilfe von John Crawford unter Deck gebracht worden. Vormann Wilhelm Eilers weiß, es läuft gut. Aber er kennt die See und er weiß, dass die Gefahr noch lange nicht vorbei ist. Und er soll recht behalten.

Beim achten Anlauf geschieht es. Als das Rettungsboot den Dampferbug passiert hat und an der Bordwand längsfahren will, wird es von der Gewalt einer See gegen das Vorschiff der TEESWOOD geworfen. Es gibt einen Ruck und das Boot macht trotz laufenden Motors plötzlich keine Fahrt mehr. Der Vormann, völlig unvorberei tet, wird gegen die Turmwand geschleudert. Er sieht sich betroffen um. Sein Schiff hängt fest. Das Ruderblatt hat sich hinter die Ankerkette des Dampfers gehakt. Die drei Männer an Deck blicken erschrocken zu Eilers hinauf. Der Vormann versucht das Steuerrad zu bewegen – aber es sitzt fest. Es gibt nur noch eine Möglichkeit – sie müssen mit Kraft versuchen, über beide Steuerstände das Ruder freizudrücken. Christoffer geht unter Deck zum Innensteuerstand und wartet auf das Kommando seines Kapitäns. Eilers zögert nicht und ruft laut gegen den Sturm: Jetzt, Chrtistoffer, jetzt!" Und beide ziehen gemeinsam an beiden Steuerständen nach Steuerbord, um das in Hartruderlage verklemmte Ruderblatt von der Ankerkette loszureißen. Mit einem lauten Knall löst es sich und die BORKUM ist wieder manövrierfähig.

Christoffer Müller bemerkt, dass die BORKUM offenbar Schwierigkeiten beim Abdrehmanöver hat. Er eilt zum oberen Steuerstand hinauf: „Was ist los?" „Schraube muss beschädigt sein!", ruft Eilers. „Das Boot manövriert viel schwerer, merkst du?" „Ist mir auch aufgefallen", ruft Christoffer zurück. „Darum kam ich rauf. Wird es gehen?" „Wie meinst du das? Natürlich wird es gehen. Es muss einfach gehen, mein Junge. Wir geben nicht auf." Beruhigt verlässt Christoffer den Steuerstand und eilt zu den beiden an Deck zurück: „Wahrscheinlich sind Ruderblatt und Schraube beschädigt", erklärt er und wendet sich dann an den Engländer: „Wir geben nicht auf, keine Angst. We try again, wir versuchen es weiter."

Untergang der
„Teeswood"
Z/ 2011

Christoffer und Folkert schauen sich an. Beide haben den gleichen Gedanken: Ohne das Geschick und den eisernen Willen ihres Vormanns wäre das um Haaresbreite für alle Beteiligten das Ende gewesen.

Crawford nickt stumm. Er hat verstanden. Das Rettungsboot liegt nach mancherlei Ruder- und Maschinenmanövern endlich auf Gegenkurs. „Gut, dass ´Seefalke` dabei ist“, ruft Folkert Meeuw. „Ohne den starken Scheinwerfer wär‘s noch viel schwieriger.“ Sie sehen alle drei zurück. Hinter ihnen liegt stampfend der Hochseeschlepper, der größte, den Deutschland besitzt. Rettungsmann Meeuw lauscht unbewusst mit halbem Ohr auf das tiefe Brummen seines Motors. Undeutlich sieht er den Schlepper vor sich - die weiße Flagge der Schuchmann-Reederei mit dem dunklen S am Schornstein, die beiden schlanken Masten mit dem Gewirr ihrer Funkantennen und die weißen Relingskleider am Brückenaufbau. Zufrieden nickt er vor sich hin: Die wenigen Männer an Bord der SEEFALKE wissen genau, worauf es jetzt an-kommt. Seenotfälle sind ihr tägliches Brot. Stets liegen sie auslaufbereit in Cuxhaven oder auf Borkum-Außenreede, sie kreuzen im englischen Kanaleingang, sie postieren sich in besonderen Fällen noch weiter draußen im Atlantik vor dem Kanal. Sie stehen bereit, um auf ein Signal, einen Hilferuf hin, den havarierten Schiffen Beistand zu leisten. Schwere Bergungsarbeiten, Hunderte von Gefahren in Nordsee, Kanal und Atlantik hatten diese Männer geschult. Heute können sie wegen des flachen Wassers nicht an das Wrack heran. Aber sie tun, was sie können. Sie schaffen die helle Beleuchtung, ohne die der Vormann seine lebens-gefährlichen Manöver kaum ausführen könnte.

Mit jeder neuen Fahrt werden die Schwierigkeiten für das Rettungsboot größer. Der auseinandergeborstene Dampfer wird mehr und mehr zum völligen Wrack. Zerschmettert und zerschlagen hängen die schweren Ladebäume samt ihren Blöcken und dem dazugehörigen Geschirr über Bord. Holzteile des Ladegeschirrs treiben an den Bordwänden, zusammen mit Fässern, Holzgrätings und Balken. Sie bilden eine ständige Gefahr für das Rettungsboot. Der Frachter selbst sinkt tiefer und tiefer. Das weggesackte Achterschiff mit seinen zertrümmerten Aufbauten und den kläglichen Resten der Brücke taucht nur zuweilen noch auf.

Um jeden einzelnen Mann muss Eilers kämpfen. Von Minute zu Minute werden die Manöver gefährlicher. Jedesmal wird das Rettungsboot mehr oder weniger heftig gegen die Bordwand des Dampfers geschleudert. Es ist ein Wunder, dass die BORKUM diese Beanspruchungen aushält. Das Abdrehen im rechten Augenblick, das Ausweichen vor jeder See, die das Boot als Brecher oder rücklaufende Grundsee auf den Dampfer werfen will, erfordert nicht nur höchstes seemännisches Geschick, sondern außergewöhnlichen Mut und Verantwortungsbewusstsein. Die letzten Anläufe sind die schwersten. Denn die Grundsee könnte nun das Rettungsboot bei jedem Längsseitscheren auf das kaum noch über Wasser ragende Deck des Wracks werfen. Wenn das passieren sollte, würde es unmöglich sein, wieder loszukommen. Verbissen, mit der zielstrebigen Hartnäckigkeit des erfahrenen Seemanns und Vormanns der Seenotretter, hält Eilers Wort: Er gibt nicht auf.

Und mit ihm kämpfen seine beiden Rettungsmänner Folkert Meeuw und Christoffer Müller. Sie stehen an Deck, ermuntern rufend die englischen Schiffbrüchigen zum Sprung und greifen beherzt zu, wenn sie an Deck des Borkumer Seenotrettungsbootes aufprallen.

Über eine Stunde harter Arbeit ist schon getan. Sieben Männer sind inzwischen gerettet, sitzen unter Deck und werden vom eigenen Kapitän versorgt. Wilhelm Eilers fährt bereits seinen elften Anlauf.

Jeremy Carpenter, 29-jähriger Matrose aus Liverpool, steht an der Reling des Wracks und denkt an seine Familie zu Hause. Er weiß, dass dieses der letzte Sprung seines Lebens sein kann – aber er muss springen. Zügig kommt das Rettungsboot näher, Jeremy macht sich bereit. Folkert und Christoffer schauen nach oben. Der Bug der BORKUM senkt sich in das Wellental und hebt sich Sekundenbruchteile später hoch in Richtung Reling und Bordwand der TEESWOOD. Jeremy zögert, vielleicht nur eine Sekunde zu lange und der Bug des Rettungsbootes entfernt sich schon wieder. Dann springt er. Die beiden Rettungsmänner sehen ihn auf sich zufliegen, aber der Sog des Wellentals schiebt das Schiff nach Backbord und Jeremy knallt mit dem Kopf gegen die stählerne Wand mittschiffs zwischen Deck und Reling. Benommen spürt er die kräftigen Arme der Borkumer Männer, die seine Oberarme und seine Beine fest umklammert haben. Jeremy ist gerettet. Folkert und Christoffer schauen sich an – geschafft, wieder ein Mann gerettet. Sie stellen den Mann auf die Beine und Folkert führt ihn unter Deck zu seinen Kameraden. Noch einmal schaut er zurück und die Blicke der beiden Rettungsmänner treffen sich. Doch Folkert erschaudert, was er hinter seinem jungen Freund sieht: Ohne Pause schiebt sich über den zurücklaufenden Sog der letzten Welle eine riesige See. Die Welle klatscht an die Bordwand der TEESWOOD, schiebt sich mit einer mächtigen Gischt aus Schaum und Wasser auf die BORKUM und ergreift sich Christoffer Müller. Nichts ist zu sehen außer der Welle, die vom Vorschiff bis auf das Achterschiff das Rettungsboot überflutet. Vormann Eilers steht oben am Steuerstand. Ihm stockt der Atem: „Stoffer ist weg!“, schreit er entsetzt. „Stoffer ist weg - Stoffer ist weg!“, brüllt er in den Tumult von Wasser und Wind auf seinem Deck. Folkert Meeuw steht noch immer mit dem geretteten Jeremy Carpenter am Niedergang, er hält sich fest, seine Beine werden von den Wassermassen umspült. Kaum wagt er sich auszumalen, was da gerade passiert. Wo ist Christoffer? Wo ist Christoffer?

Christoffer Müller hat die Welle nicht kommen sehen. Sein letzter Blick zurück zu seinem väterlichen Freund Folkert Meeuw und dem Engländer wird plötzlich überschüttet mit riesigen Wassermassen. Christoffers schlanker, aber kräftiger sportlicher Körper wird herumgeschleudert, sein Kopf schlägt auf die Reling und das Wasser zieht ihn in Richtung des Hecks der BORKUM. Wie ein Film zieht in diesen Sekunden sein Leben an ihm vorbei. Als er 16 Jahre alt war, ist der Schoner, auf dem er seine seemännische Ausbildung absolvierte, bei Reval gesunken. Die Füße sind ihm damals fast erfroren, aber er hat überlebt. Schon als Kind ist er in den Gewässern rund um Borkum gesegelt, er kennt sie genau. Seitdem er 26 ist, fährt er als freiwilliger Rettungsmann für die DGzRS auf der BORKUM. Er weiß, dass auf der BORKUM die Reling am Heck für Schleppmanöver offen und nur mit einer Kette gesichert ist. Und genau dorthin zieht ihn unaufhaltsam der Sog der Wassermassen. Soll es das schon gewesen sein? Soll das schon das Ende seines jungen Lebens sein? Höllische Schmerzen reißen durch seine Brust, als sein Weg in den Abgrund abrupt gestoppt wird. Seine Rippen scheinen zu zerspringen, als er auf den großen Kreuzpoller am Heck schlägt. Die Welle rauscht über ihn hinweg und er hört Wilhelms und Folkerts Rufe. Gleichzeitig schreien sie: „Dort liegt er, auf dem Achterdeck, dort." Bevor noch die nächste Welle kommt, weiß Christoffer, dass er sich mit den Händen allein kaum festhalten kann. Noch benommen, schlingt er beide Arme um den großen Flaggenstock am Heck und zieht sich hoch. Vormann Eilers versucht das Schiff so ruhig zu halten, wie es nur irgendwie geht in dieser hohen See. Folkert Meeuw hilft Christoffer auf die Beine und führt ihn mittschiffs an die Reling. Tief atmet er durch, nur wenige Minuten bleiben ihm zur Erholung. „Geht's?", ruft besorgt Wilhelm Eilers seinem jungen Rettungsmann zu. „Ja, es geht", ruft Müller zurück und fügt bescheiden und tapfer, leise, nur von Folkert Meeuw zu hören, hinzu: „Ist doch mein Job."

13 Mann sind inzwischen gerettet. Noch zwei stehen oben auf dem Vorschiff des zerberstenden Wracks: Der schlanke, kleine japanische Schiffssteward Mun Junni und der breitschultrige, kräftige südafrikanische Schiffskoch Coffee Mensaki wagen den Sprung nicht. Christoffer Müller spricht sehr gut Englisch und gemeinsam mit seinem Vormann und seinem Kollegen Folkert fordert er sie auf, zu springen. Aber sie schütteln abweisend die Köpfe und drängen von der Reling weg. Ihre aufs tiefste erschreckten Mienen zeigen, dass aller Mut, jede Energie die durchnässten, steifgewordenen Körper verlassen hat. Ihre überanstrengten, verängstigten Seelen begreifen nicht mehr, was um sie herum vorgeht. Sie trauen den anderen nicht und am wenigsten sich selbst. Das Grauen dieser entsetzlichen Orkannacht hat in ihnen jeden Funken ihres Selbstbehauptungswillens ausgelöscht. Es gelingt ihnen nicht mehr, den Schwung zum letzten Wagnis aufzubringen. Stumpf und gleichgültig stehen sie da, wenn ihre Nebenleute, einer nach dem anderen, hinabspringen. Sie sehen, wie sie beim Auftreffen auf das tanzende Boot niederfallen, wie sie von den beiden Rettungsmännern gepackt, aufgerichtet und zur Tür des Turmaufbaus geschafft werden.

Doch das berührt die beiden Unglücklichen nicht mehr. Alles Geschehen rollt vor ihnen ab wie ein verwirrender Film, den sie sich anschauen, ohne ihn zu verstehen.

Unheimlich rauschen die Seen. Mit Gepolter stürzen sie über das Wrack hinweg. Und der pfeifend und jaulend daher stürmende Orkan gibt die Begleitmusik. Die Ohren der beiden vernehmen das alles wohl noch, aber sie erfassen es längst nicht mehr. Eine schwere Grundsee wogt mit hohlem Rauschen heran und fegt donnernd über die Back. Sie nimmt die beiden willenlos gewordenen Menschen hinweg, wie sie die losgerissenen Planken und die zer-schlagenen Rettungsboote des Frachters weggefegt und ins Dunkel hinausgeschwemmt hat. Trotz aller Suche mit dem starken Scheinwerfer der SEEFALKE werden die beiden nicht gefunden. Die mörderische See hat ihre Opfer geholt und gibt sie lebend nicht wieder heraus.

*

Auf Borkum spricht sich der Seenotfall sehr schnell herum. Nachbarn sehen die Abfahrt des Autos, sie erkundigen sich mitfühlend bei Alma Eilers, der Frau des Vormanns. Andere rufen die Signalstation an und erfahren Näheres über die Strandung und die eingeleitete Rettungsaktion. Im Bahnhofshotel sammeln sich die Borkumer, ein paar Kaufleute und Pensionsinhaber. Die ersten Biere werden gebracht, als ein Mann - sonst als freiwilliger Rettungsmann selbst mit an Bord der BORKUM in Ölzeug und Südwester hereinstürzt: „Sie sind weg! Mich haben sie noch nicht einmal angerufen und die anderen auch nicht! Nur die drei allein: Eilers, Meeuw und Müller! Wenn das man gutgeht!“

„Wird sehr eilig gewesen sein, Jan!“, meint der Lebensmittelhändler. „Haye Poppinga hat die Signalstelle angerufen. Man sagt, ein Frachter sei eine Meile nordwestlich Möwensteert-Nord auf Grund gelaufen.“

Fokko Akkermann, der Älteste der Runde, setzt sein Schnapsglas ab: „Stimmt, Haye hat recht. Es ist ein Engländer, ich hab‘ mich beim Vertreter der Rettungsgesellschaft erkundigt. ‚Teeswool‘ oder ‚Teeswood‘ heißt der Dampfer.“

Der Rettungsmann hat aufmerksam zugehört. Er nimmt die eben angezündete Pfeife aus dem Mund: „Nur eine Meile von Möwensteert-Nord-Tonne? Und das sagst du jetzt erst! Mann, das müssten wir doch von der Wilhelmshöhe aus sehen können!“ Er stürzt sein Bier hinunter, wirft ein paar Münzen auf den Tisch und rennt zur Tür. Ein allgemeiner Aufbruch folgt. Als Letzter erscheint der Hotelbesitzer selbst in dicker Joppe, Mütze und festen Stiefeln. Sie sind nicht die Einzigen, die zur breiten Strandpromenade eilen. Das ganze Dorf scheint unterwegs zu sein. Auf allen Klinkerstraßen, die zum Strand und zu den Dünen führen, kommen die Borkumer herbeigerannt, trotz des rasenden Orkans, der Regenschauer und der herunterprasselnden Hagelböen. Frauen in langen Mänteln, Mädchen in kurzen Jacken, Männer in weißem und schwarzem Ölzeug und derbem Schuhwerk, Fischer in dunkelblauen Rollkragenpullovern, Mützen und Gummistiefeln - alle stürmen zum Strand. Am Fuß der Strandmauer schlägt die Brandung in breiten, hohen Fontänen empor. Sie fegt Schaum und Gischt über die untere Mauer bis hinauf zur Promenade. Ein Scheinwerfer leuchtet, der Umriss eines Schiffes verrät den Ort der Strandung. Die Borkumer erkennen sofort, dass es zwischen Wilhelmshöhe und Südstrand die beste Beobachtungsmöglichkeit gibt. Nach kurzem Blick über die brandende See kämpft sich die Menge, gegen den Sturm gestemmt, die Strandmauer entlang und drängt sich dort zusammen, wo in der Nähe der Signalstation und des Elektrischen Leuchtturms die Mauer endet.

Die Menschen warten. Einige haben Doppelgläser umgehängt. Von der Höhe der Dünen aus beobachten sie die Vorgänge, die sich draußen, nur wenig mehr als eine Seemeile entfernt, auf dem Wasser abspielen. Die auflaufende Flut überschwemmt den Strand in seiner ganzen Breite. Über die Köpfe der Zuschauer hinweg zucken die Blitze des Großen Leuchtturms und die weißen und grünen Feuer des Elektrischen Leuchtturms. Es ist ein seltsames Bild, diese teils schweigende, teils erregte Menge, die beieinander ausharrt. Da sind die Männer in dicken Wintermänteln, in Ölzeug, Südwester und schenkelhohen schwarzen Fischer-Gummistiefeln und die Frauen, deren Schulter- und Kopftücher im Sturm wehen. Der Regen stiebt durch die erregte Menge der Borkumer. Ihre Stimmen kommen kaum an gegen das unaufhörliche Röhren der Brandung und das stoßweise Heulen des Nordweststurms.

„Tatsächlich! Der Dampfer liegt am nördlichen Ende vom Möwensteert“, ruft Rettungsmann Jan den Nebenstehenden zu. Ein älterer, hagerer Mann mit Fischerbart und buschigen Augenbrauen setzt bedächtig sein altertümliches Doppelglas ab. Er ist einer der Badewärter, die im Sommer die Badekarren betreuen. „Genau zwischen Möwensteert-Nord und der Hubertgat-Tonne HG sitzt er. Er hat das Randzelgat nicht mehr schaffen können.“ Frauen und Männer drängen sich sofort näher an den Sprecher. „ ‚Seefalke‘ muß ankerauf gegangen und zur Strandungsstelle gelaufen sein“, fährt der Alte fort. „Sie lag auf Außenreede. Es ist ihr großer Scheinwerfer, der den Engländer beleuchtet.“ Ein Fischer, der in der Saison mit seinem kleinen

Segelboot die Badegäste zu den Robbenbänken der Insel fährt, wendet sich an den Rettungsmann: „Üble Stelle ist das. Dicht südlich am Fahrwasser, wenn man vom Hubertgat in die Randzel will. Was meinst du, wie das passiert ist, Jan?“ „Muss Maschinenschaden gehabt haben oder aus dem Ruder gelaufen sein. Passiert leicht bei solchem Wetter wie heute.“ „Er hat bestimmt keinen Lotsen mehr kriegen können“, mischt sich ein Dritter ein. „Der Lotsendampfer konnte seine Außenposition nicht mehr halten; er liegt drüben nahe der Fischerbalje-Tonne. Du kannst sein weißes und rotes Licht ausmachen.“ Dort, wo die Strandmauer endet und der Strand nach Süden hin bis zum Hafen und Anleger breiter und breiter vor den zurückweichenden Woldedünen sich dehnt, rollt die Brandung bis an den Fuß der Süddünen über die weite Fläche. Viele der Männer versuchen die Anläufe zu zählen, die das Boot, das kleine tanzende Boot da draußen läuft.

Alle Köpfe schauen in die gleiche Richtung. Wer ein Glas besitzt, hebt es zu den Augen. Schweigend beobachtet die Menge, wie der Vormann herangeht, abdreht, zurückläuft, einen neuen Anlauf fährt und dicht an dem Dampfer mit den Schiffbrüchigen vorbeischert. Angestrengt starren sie hinaus. Sie sehen die verwegenen Manöver ihres Vormanns und den Kampf des Rettungsbootes in den tosenden Grundseen. Wie eine Möwe schwebt die BORKUM auf dem Rücken der mächtigen Wellen, kämpft sich durch den weißbrodelnden Schaum des überkämmenden Brechers, verschwindet aus der Sicht und klettert nach bangen Sekunden wieder den nächsten Wogenrücken hinauf. Wenn das Boot mit verminderter Fahrt dicht am gestrandeten Dampfer vorbeiläuft, halten die Menschen auf Strandmauer und Düne den Atem an. Sie erkennen im grellen Scheinwerferlicht Aufbauten und Brücke des Frachters, sehen die Masten mit den Ladebäumen und den dünnen langen Schornstein. Eine halbe Stunde später brechen die Masten samt dem Ladegeschirr. Vom Schornstein bleibt nur ein hilfloser, kläglicher Stumpen, der aus dem Wasser ragt.
„Versackt im Sand“, ruft der Rettungsmann. „Vom Dampfer ist fast nichts mehr zu sehen. Habt ihr die Anläufe gezählt?“
„Mindestens zwölf bis dreizehn, Jan“, ruft ein Mädchen, dessen Kopftuch wild im Sturm flattert. „Können auch mehr gewesen sein.“

Hoffen
7/2011

Der alte Strandwärter mit dem Doppelglas nickt: „Ich habe 18 gezählt, Eike! Und ich sah ein paarmal, dass Menschen ins Boot jumpten. Hoffentlich kriegt Willi sie alle rüber!“ Die Beobachter wissen, dass das Längsseitsscheren für das Rettungsboot der gefährlichste Augenblick ist. Wenn die BORKUM gegen das Wrack geschleudert würde, könnte in Sekundenschnelle das ganze Boot wie eine Eierschale auseinanderbrechen. Strandmauer und Dünenrand voller Menschen, wehende Kopftücher, Röcke, die den Trägerinnen wie Flaggen im Sturm um die Beine flattern, der von unzähligen Brandungswogen überrollte Strand, der drohende Wolkenhimmel, der kalkweiße Scheinwerferbalken draußen, das kaum noch erkennbare Wrack und das tanzende Boot - das alles ist wie ein Bild, ein altes Gemälde. Hier, in der rauen Wirklichkeit, spielen das Röhren der Brandung, das mit tiefem, unaufhörlichem Orgelton die Luft erfüllt, das stoßweise Heulen des böigen Nordweststurms und das Geschrei auf-geschreckter Möwen eine harte, grelle Begleitmusik. Endlich, nach einer weiteren halben Stunde, erlischt das Licht des großen Scheinwerfers. Nur die Positionslichter des Hochseeschleppers blinzeln herüber auf die Insel. Eine weitere halbe Stunde vergeht, bis endlich um 20 Uhr 45, genau nach einer Stunde schwersten Kampfes mit der unerbittlichen See, der große Scheinwerfer des Bergungsschleppers erlischt. Dunkelheit verbirgt den Ort der Tragödie. „Jetzt werden sie den Letzten gerettet haben“, meint einer der Männer. Drüben blinken die Positionslichter der SEEFALKE.

Eine Frau schreit plötzlich auf und zeigt mit dem Arm in eine Richtung links vom hell beleuchteten Wrack: „Das Boot. Das ist Eilers mit unserem Boot!“ „Er läuft ein. Eilers läuft ein!“, ruft eine andere Stimme aus der Menge und alle atmen erleichtert auf. Die aufgeregte Menge erkennt nun auch das rubinrote Backbordlicht des Rettungsbootes, das zuweilen aus dem Dunkel auftauchend über die See blinzelt. Stetig und ziemlich schnell entfernt es sich nach links. „‚Seefalke‘ ist ankerauf gegangen und läuft auf Reede“, sagt der alte Badewärter. „Sie hat gedreht, ich kann das rote Backbordlicht unter ihren Topplaternen ausmachen!“ Links vom Bergungsdampfer tanzt ein rubinrotes Licht unter einem hellen Dampferlicht über die See. „Eilers wird die Letzten gerettet haben“, meint einer der Fischer erleichtert. „Zwanzig Anläufe hat er gemacht. Zwanzig! Ich habe sie alle beobachtet und gezählt!“

*

Suchfahrt
2005

Noch wissen sie nicht, dass der Vormann nicht weniger als zwanzig Anläufe fuhr, dass er dreizehn Überlebende barg und dass die BORKUM bei der Rettungstat mehrmals beschädigt wurde. „Das Boot läuft ein, die Gefahr ist vorüber", das ist der Gedanke, der alle beherrscht, die nun durch die Dünen stampfend und über die Klinkerwege eilend, zum Dorf zurückkehren. Erregte Stimmen verwehen über hallenden Schritten: Der Bann ist gebrochen, die Sorge um die drei Tapferen auf dem kleinen Boot, um die Besatzung des gestrandeten Schiffes ist verstummt. Haustüren schlagen, hinter den weißen Gardinen der Fenster leuchtet ruhig und friedlich gelb scheinendes Licht auf. Männer gehen zum Bahnhofshotel, das jetzt im Winter noch geöffnet, den Hauptneuigkeitsmarkt der Insel bildet. Hinter Bier, Grog oder Punsch warten sie auf die Nachrichten, die nun bald mit den Männern vom Hafen her eintreffen werden. Pfeifen und Zigaretten qualmen. Das Feuer des Ofens verbreitet behagliche Wärme, lebhaftes Stimmengewirr erfüllt den Raum.

Aufatmend sitzen auch die Frauen der Rettungsmänner in ihren Stuben. Der Teekessel dampft. Teeschalen, blauweiß gemustert, und Kristallschalen mit Sahne stehen für die Heimkehrenden bereit. Über den Rand der Kristallschalen hängt der gebogene Silberlöffel und die zinnerne Zuckerdose ist mit bräunlichem Kandiszucker gefüllt. Pantoffeln und trockenes Zeug wurden schon klargelegt. Der Ohrensessel wird dicht neben den Ofen gerückt. Nun können sie kommen, die Männer der BORKUM. Im Hause des Vormanns nimmt Alma Eilers die Teedose vom Bord, wärmt die Kanne mit dampfendem Wasser und schüttet neuen Tee auf. Dann geht sie ins Schlafzimmer zu ihren Kindern. Wilhelmine, Theda und Hermann sind noch hellwach und fragen immer wieder nach dem Vater. Lächelnd streicht die Mutter über die blonden Köpfe: „Vater kommt ja gleich zurück. Seid ruhig."

Sie öffnet die Haustür und blickt die Straße hinab. Hoch, dunkel und schützend hebt sich der Alte Leuchtturm, das Wahrzeichen der Insel, gegen den Sturmhimmel ab. Neben den verwitterten Grabsteinen des längst nicht mehr benutzten kleinen Friedhofs weht Gebüsch im Wind, über den niedrigen Dächern rot geklinkerter Insulanerhäuser recken herbstkahle Bäume ihre Äste in den Himmel. Hier beginnt der alte Teil des Dorfes. Hinter dem Ort dehnen sich die großen Weiden bis hinüber zum Watt. Und selbst hier ist das ununterbrochene Röhren der Brandung wie dumpfes Grollen zu vernehmen. Alma Eilers schließt die Tür. Sie tritt ins Haus zurück, nimmt den Kessel vom Herd und gießt kochendes Wasser über den starken Tee in die dickbauchige Porzellankanne.

Ein hübsches junges Mädchen, Dietje, läuft an dem Großen Leuchtturm vorbei, die Hindenburgstraße entlang zum Elternhaus von Christoffer Müller, des Bruders ihrer Freundin. Sie weiß, dass ihn der Vormann mit an Bord der BORKUM genommen hat. Hastig reißt sie die Haustür auf, klopfte an der Stubentür und tritt vom klinkerbelegten schmalen Gang ins Wohnzimmer. „Habt ihr schon Nachricht? Kommt

Christoffer bald?", ruft Dietje, die offensichtlich sehr an Christoffers Wohlergehen interessiert ist. „Wird noch ein bisschen dauern", meint lächelnd der Vater des Jungen. Die Mutter holt inzwischen die Teekanne herbei: „Komm, setz dich, trink erst ein Kopje." Aus ängstlichen Augen sieht das Mädchen das Elternpaar an: „Was habt ihr denn? Um Himmelswillen, ist ihm etwas passiert? So redet doch, bitte." „Er kommt etwas später", erklärt die Mutter und gießt den Tee ein. Und Vater Müller schiebt das junge Mädchen sanft in den Sessel. „Sie haben vom Hafen aus angerufen", sagt er. „Christoffer hat eine Kopfwunde. Brauchst dich nicht aufzuregen, ist nicht weiter schlimm. Nein, bleib sitzen! Die Wunde muss bloß ein bisschen genäht und verbunden werden. Sie schaffen ihn erst ins Krankenhaus. Wird bestimmt nicht lange dauern. Morgen oder übermorgen wird er wieder 'rauskommen", redet er beruhigend auf das Mädchen ein. „Mein Himmel, was hast du, wo willst du denn hin?" Christoffers Eltern bekommen keine Antwort mehr. Dietje ist aufgesprungen und aus dem Haus gestürzt. Mit wehendem Schultertuch rennt sie in Richtung auf das Inselkrankenhaus davon. Kopfschüttelnd sehen die Eltern sich an. Der Vater greift zur frisch gefüllten Tasse: „Nun sieh dir das an, Mutter! Dies junge Volk! Nee, dies junge Volk . . ." murmelt er und lächelt freundlich.

In einem der kleinen Insulanerhäuser nahe dem Südstrand sitzt Theda Meeuw in ihrem Sessel dicht beim Herd. Sie denkt an das Boot, wie sie es stets tut, wenn sie in den Sturmnächten auf die Heimkehr ihres Mannes warten muss. Wie oft schon hat sie so gewartet? Dass das Rettungsboot auf dem Heimweg ist, weiß sie, vom Strand zurückkehrende Nachbarn haben es ihr gesagt. Sie kann sich genau vorstellen, was jetzt an Bord der BORKUM geschieht. Ihr Mann Folkert und der junge Christoffer bemühen sich um die Geretteten, betten sie auf die Kojen im Innenraum, ziehen ihnen die durchnässte Kleidung aus, hüllen sie in angewärmte Wolldecken und geben ihnen kleine Gläser mit starkem Rum - echten, unverdünnten Jamaika-Rum, der die Schiffbrüchigen wärmt und ihre Lebensgeister zurückruft. Sie sieht im Geiste, wie die beiden die Verletzten verbinden und sorgsam betreuen, soweit das beim Arbeiten des Bootes überhaupt möglich ist. Und Vormann Eilers steht inzwischen allein in seinem Steuerstand, mit salzverkrusteten, rotgeränderten und entzündeten Augen, im triefenden Ölzeug, die schwere Korkschwimmweste um Brust und Rücken, und führt das Boot sicher durch Randzelgat und Fischerbalje zum Borkumer Hafen auf den Liegeplatz an die Pier. Theda Meeuw hört geradezu das beruhigende Brummen des starken Motors, den ihr Mann nun schon seit 1944, dem Jahr der Indienststellung, betreut.

Sie erhebt sich, stellt sich an den Herd und beginnt mit Töpfen und Pfanne zu hantieren. „Ich muss das Essen für ihn machen", murmelt sie vor sich hin. „Er wird hungrig sein. Müde und sehr hungrig." Sie holt Eier aus dem Spind. Dann nimmt sie den geräucherten Schinken, der am Decksbalken hängt, vom Haken und schneidet schmale, dünne Streifen ab. Hier in der Nähe des Südstrandes ist das Donnern der

Brandung, die mit der auflaufenden Flut herandröhnt, selbst durch die geschlossenen Fenster deutlich zu hören. Wie alle Frauen auf der Insel, deren Männer zur See fahren, hat sich Theda ans Warten gewöhnt. Borkum ist zwar seit mehr als hundert Jahren Seebad, trotzdem gibt es auf der Insel noch zahlreiche Männer, die auf Küstenmotorschiffen, auf schmalen eisernen Motorseglern, breit gebauten Tjalken oder eigenen Segelkuttern Waren aus den kleinen Küstenorten und Fischerhäfen zur Insel bringen. Es gibt auch Männer, die auf Schleppern, Ha-fenbooten, Seebäderdampfern und Lastprähmen Dienst tun, Männer, die zum Fischfang auslaufen oder in Seenotfällen als freiwillige Rettungsmänner auf der BORKUM fahren.

Die Standuhr in ihrem reichgeschnitzten schwarzen Gehäuse schlägt mit warmem, tiefem Ton zehnmal. Theda Meeuw blickt auf das blumenbemalte Zifferblatt. „Zehn Uhr", sagt sie laut. „Nun muss er gleich hier sein." Sie legt die Schinkenstreifen in die Pfanne und schlägt die Eier über den zischenden Speck.

Umheult vom Nordweststurm, umgeben vom brüllenden Getöse der Grundseen, völlig auseinandergeborsten und überflutet, sinkt die TEESWOOD. Ihr zertrümmerter, wrackge-schlagener Leib stirbt den einsamen Schiffstod in der Finsternis, die nur das gespenstische Weiß der Brecher mit fahlem Schimmer aufhellt. Noch während der Rückfahrt, während die BORKUM vor Sturm, Seegang und Flut das Randzelgat hinaufläuft, lässt Vormann Eilers einen Funkspruch abgeben. Er ist an den Ortsausschuss Borkum der Deutschen Gesellschaft zur Rettung Schiffbrüchiger gerichtet. Der Spruch teilt die Zahl der Geretteten mit, sorgt für Bereitstellung von Wagen, fordert ärztliche Hilfe für die Verletzten an und bittet um Unterkunft und Verpflegung für die Überlebenden des englischen Frachters. Um 21 Uhr 35 macht das Rettungsboot an seinem gewohnten Liegeplatz im Hafen fest. Dort sind alle Vorbereitungen getroffen. Für ärztliche Hilfe ist gesorgt. Wagen stehen zum Transport bereit. Kurz nach dem Festmachen fahren die Rettungsmänner mit den Geretteten den langen Weg ins Dorf. Die Verletzten, zu denen auch die drei Rettungsmänner gehören, müssen das Hospital aufsuchen. Dort werden die Kopfwunden des jungen Christoffer Müller und die Wunden des englischen Kapitäns Crawford behandelt. Zwölf der Geretteten kommen im Bahnhofshotel unter, wo sie sorgsam betreut und verpflegt werden. Vormann Eilers trägt einen dicken Verband, als er daheim eintrifft. Er freut sich, als er vom Lächeln seiner Frau und vom Jubelgeschrei seiner drei Kinder begrüßt wird. Doch es gibt für ihn auch nach dem Umkleiden und Essen keine Ruhe. Müde und abgekämpft geht er zum Schreibtisch, faltet die Seekarte auseinander, rückt das Tintenfass zurecht, legt Papier klar und greift zur Feder. Alma Eilers legt liebevoll ihre Hand auf die Schulter ihres Mannes: „Aber Willy! Willst du jetzt noch arbeiten? Lass es doch bis morgen! Das hat noch Zeit. Schlaf dich doch erst mal richtig aus! Glaube nur ja nicht, dass . . ."

Lächelnd sieht der Vormann auf: „Das hat keine Zeit. Du weißt das genauso gut wie

ich. Der Bericht! Ich muss doch den Bericht schreiben! Besser jetzt gleich, wo ich alles noch im Kopf habe, als morgen . . ."
„Aber du hast doch alles schon durchtelefoniert, sogar noch vor dem Essen! Sie wissen doch schon Bescheid . . ."

„Nein, das muss jetzt gemacht werden! Nur die Hauptsachen - lass man, ich mach' es wie immer ganz kurz! Viel ist sowieso nicht zu berichten: Wir haben sie alle gerettet bis auf zwei, die von der Back des Frachters weggespült wurden. Aber dafür konnte ich nichts, das geschah . . ."

„Ach, Willy, gräm dich nicht darüber! Sie wissen doch alle, dass du getan hast, was du nur konntest!" „Schon gut, aber eine Tasse Tee hätte ich doch ganz gern . . ."
Dann rückt Wilhelm Eilers, der Vormann des Rettungsbootes BORKUM, den Bogen zurecht. Er überprüft noch einmal die Seekarte, trägt den Ort der Strandung und den Kurs des Bootes ein und beginnt zu schreiben.

EPILOG

Kapitän Crawford schreibt im Bahnhofshotel einen nüchternen Bericht an seinen Reeder und an das Seeamt. Er hebt darin die Leistungen des deutschen Vormanns und seiner Männer hervor: „Die 13 Überlebenden", schreibt Samuel John Crawford, „verdanken ihr Leben dem ganz außerordentlichen Mut des Rettungsboot-Vormanns, der sein Leben und das seiner Besatzung aufs Spiel setzte, so oft sie an die 'Teeswood' heranfuhren. Ich wüsste gern, wie ich am besten sicherstellen kann, dass diese tapferen Männer eine Anerkennung erhalten."

Vormann Wilhelm Eilers hebt in seinem Bericht den Mut der geretteten Engländer hervor. Der Schluss des Dienstschreibens, das Vormann Eilers abgefasst hat, lautet: *„Vom Kapitän und seiner Mannschaft wurde uns drei Rettungsmännern so viel herzlicher Dank und so viel Anerkennung und des Bootes Leistung gezeugt, das uns für die geleistete Rettungsfahrt schönster Lohn war."*

Die Fahrt der BORKUM zählt zu den außergewöhnlichsten Rettungstaten an der deutschen Nordseeküste. Vormann Wilhelm Eilers empfängt später aus der Hand des Schirmherrn der Deutschen Gesellschaft zur Rettung Schiffbrüchiger, des Bundespräsidenten Theodor Heuss, für diese Rettung die Goldene Medaille am Bande der Deutschen Gesellschaft zur Rettung Schiffbrüchiger. Die Rettungsmänner Folkert B. Meeuw und Christoffer Müller erhalten die Silberne Medaille am Bande. Der englische Konsul sprach den Dank seines Landes und seiner Regierung aus und überreichte den drei Rettungsmännern silberne Zigarettenkästen.

Wilhelm Eilers fuhr 41 Jahre lang als Seenotretter. Davon von 1945 bis 1957 als Vormann auf der BORKUM und danach als Vormann auf der THEODOR HEUSS und der GEORG BREUSING. 1976 ging er in den Ruhestand. Wilhelm Eilers starb mit 73 Jahren am 12. Dezember 1985 in Emden.

Folkert Berends Meeuw fuhr noch als Rettungsmann bis zur Außerdienststellung der BORKUM 1957 und ging dann in den Ruhestand. Er lebte bis zu seinem Tod am 16. März 1975 auf Borkum.

Christoffer Müller, blieb bis zur Außerdienststellung der BORKUM 1957 Rettungsmann. Er machte eine Lehre und seinen Meister und übernahm den väterlichen Sanitär-, Heizungs- und Installationsbetrieb. Christoffer Müller lebt noch heute auf Borkum. Im Jahr 2011 feierte er seinen 88. Geburtstag auf der Insel.

D

DOKUMENTATION WILHELM EILERS

Die Bilder und die Presseausschnitte stammen aus einem bisher unveröffentlichtem persönlichen Album des Vormanns Wilhelm Eilers. Sein Sohn, der Borkumer Seemann Hermann Eilers hat mir die wertvollen persönlichen Unterlagen für diese Dokumentation zur Verfügung gestellt. Ich danke ihm dafür sehr.

Ebenfalls großen Dank an Herrn Andreas Lubkowitz, Pressesprecher der Deutschen Gesellschaft zur Rettung Schiffbrüchiger aus Bremen, der mir aus den Archiven der Gesellschaft das Original des Einsatzberichtes von Wilhelm Eilers zugänglich machte.

Einige der abgedruckten Presseausschnitte enthalten aus heutiger Sicht einige Fehler in der Beschreibung der Rettungsaktion. Ich habe sie dennoch im Original und unverändert abgedruckt, da sie in dieser Form zeitgeschichtlich-authentisches Material darstellen.

DIE TEESWOOD

SS TEESWOOD

Dampfschiff
Baujahr 1915
864 BRT / 60,4m x 9,3m
Gesunken: 28.11.1951 vor Borkum

Der Einsatzbericht des Vormanns Wilhelm Eilers

Mittwoch, den 28.11.1951.

DEZ. 1951

Seenotfall

englischer Dampfer "Teeswoood". 13 Mann gerettet, 2 Mann ertrunken, Dampfer verloren.

Am Mittwoch, dem 28.11.1951 ging ein schwerer Weststurm der später auf Nordwest drehte, über die deutsche Bucht hinweg, der zeitweise Windstärke 11 erreichte. Eine Menge größerer Frachtdampfer hatte im Schutz der Insel Borkum geankert. Heftige Regen- und Hagelböen ließen den Nachmittag zur Nacht werden.

erste Meldung 16.50

Um 18.10 Uhr meldete die Seenotfunkstelle ~~Bremen~~ Borkum: habe von englischem Dampfer Teeswood durch Morsespruch und gleichzeitiger per F.T. über DAN SOS aufgenommen: erbitte dringend Rettungsboot und Bergungsschlepper. Sofort wurden mehrere Rettungsmänner alamiert und eine Taxe bestellt, um die Besatzung an Bord zu bringen. Da höchste Gefahr bestand, konnte auf weitere Rettungsmänner nicht mehr gewartet werden.

Um 18.35 Uhr verließ Rettungsboot "Borkum" mit drei Mann Besatzung den Hafen. Über F.T. wurden die Künstenfunkstelle Norddeich-Radio und die Seenotfunkstelle Borkum verständigt mit der Bitte, über F.T. Verbindung mit Dampfer Teeswood und uns herzustellen bezw. zu vermitteln.

Die Position des Dampfers wurde uns angegeben mit 1 - 2 sm. nordwestlich der Leuchttonne Mövensteert-Nord. Durch den schweren Nordweststurm und Flutstrom kämpfte sich das Rettungsboot. Hagelböen nahmen zeitweilig völlig die Sicht. Bei Sichtbesserung gegen 19 Uhr sichteten wir den Havaristen, der laufend Notsignale abfeuerte und Hilferufe aussandte. In seiner Nähe befand sich der hier stationierte Bergungsdampfer "Seefalke", der uns laufend über die Lage des Havaristen unterrichtete.

Bei unserem Eintreffen an der Unfallsstelle um 19.35 Uhr meldete Dampfer Teeswood: "Schiff bricht durch- Vorschiff voll Wasser". Im Licht der Scheinwerfer von Schlepper Seefalke und uns bot sich ein erschütterndes Bild. Schwere Brecher rollten ununterbrochen über das Wrack. Der größte Teil der Besatzung stand auf der Bak, der Rest auf der Brücke. Der Dampfer lag mit dem Heck in Wind und See, somit ergab sich keine Leeseite. Es erschien am günstigsten, die Mannschaft von der Reeling Backbordseite zu übernehmen. Der erste Anlauf war ohne Erfolg. Beim zweiten Anlauf wurden wir durch rücklaufende Seen mitschiffs hart an den Dampfer geworfen und der erste Mann übernommen. Nach mehreren Anläufen konnten drei Mann überspringen. Bei einem weiteren Versuch schlug die See die "Borkum" mit dem Heck gegen den Steven der Teeswood, wobei unser Ruder hinter die Ankerkette des Havaristen hakte, das Boot für kurze Augenblicke fest hing und manövrierunfähig wurde. Schwere überkommende Seen brachen das Steuerbordruderblatt, wodurch wir aus unserer Notlage befreit wurden. Durch den Verlust des Ruderblattes und Beschädigung der Schraube waren wir in unserer weiteren Arbeit stark behindert. Trotzdem machten wir weitere Versuche zur Rettung. Durch das immer noch steigende Wasser, durch das weitere Absinken des Schiffes, das inzwischen immer mehr auseinander brach und durch die zerschlagenen und zum Spielball der Wellen gewordenen Ladebäume wurde unsere Aufgabe zur Rettung der Besatzung immer dringlicher aber auch gefährlicher. Die größte Gefahr bestand in der Möglichkeit, mit dem Rettungsboot auf das Wrack aufzuschlagen und selbst in Gefahr zu kommen. Es konnte nicht verhindert werden, daß wir verschiedene Male auf das Wrack aufgeworfen wurden. Dadurch erlitt die "Borkum" erhebliche Beschädigungen. Das Steuerrad wurde bereits stark beschädigt, als wir in der Ankerkette fest saßen und das Boot so stark hin und her geschleudert wurde, daß ein Halten des Rades nicht möglich war. Von 19.40 Uhr bis 20.45 Uhr wurden durch immer neue Anläufe die Besatzungsmitglieder bis auf zwei Mann übernommen, die während der Aktion durch schwere Seen über Bord gespült wurden und trotz eifrigen Absuchens mit Unterstützung des Scheinwerfers "Seefalke" nicht wieder gesichtet wurden.

Unsere Rettungsaktion wurde durch den Scheinwerferdienst des Bugsierschleppers "Seefalke" wesentlich unterstützt und gebührt den Männern der "Seefalke" besondere Anerkennung und Dank.

Alle drei Rettungsmänner erlitten mehr oder weniger schwere Verletzungen, besonders der freiwillige Rettungsmann Chr. Müller, der vorsorglich ärztliche Behandlung in Anspruch nehmen mußte.

Nachdem um 20.45 Uhr der letzte Mann übernommen war, traten wir die Heimreise an. Den Geretteten konnten wir uns erst jetzt widmen durch Verabreichung von alkoholischen Getränken und Rauchwaren. Über Funk gaben wir kurze Benachrichtigung an den Ortsausschuß Borkum der Deutschen Gesellschaft zur Rettung Schiffbrüchiger, die für sofortige Benachrichtigung eines Arztes, für Transportmittel, sowie Unterkunft und Verpflegung der Schiffbrüchigen Sorge trug.

Bei Eintreffen auf Borkum - 21.35 Uhr - konnten wir die Verletzten sofort in ärztliche Behandlung geben, gleichfalls war für alles weitere vorgesorgt. 12 Schiffsbrüchige kamen im Bahnhofshotel unter, einer mit Kopfverletzung mußte ins Krankenhaus eingeliefert werden.

Ein Vertreter des Schiffsmaklers (WTAG) traf am nächsten Tage auf Borkum ein, um sich weiter um die Leute zu bemühen.

Die Fahrt hat bewiesen, daß bei späterem Eintreffen eine Rettung unmöglich gewesen wäre. Die ganze Besatzung hätte ohne Zweifel den Seemannstod gefunden.

Vom Kapitän und seiner Mannschaft wurde uns drei Rettungsmännern so viel herzlicher Dank und so viel Anerkennung und des Bootes Leistung gezeugt, das uns für die geleistete Rettungsfahrt schönster Lohn war.

Das Rettungsboot "Borkum" hat sich auf dieser Rettungsfahrt zur vollsten Zufriedenheit der Besatzung bewährt.

1) 13 Personen gerettet.
2) Rm 200,- Prämie

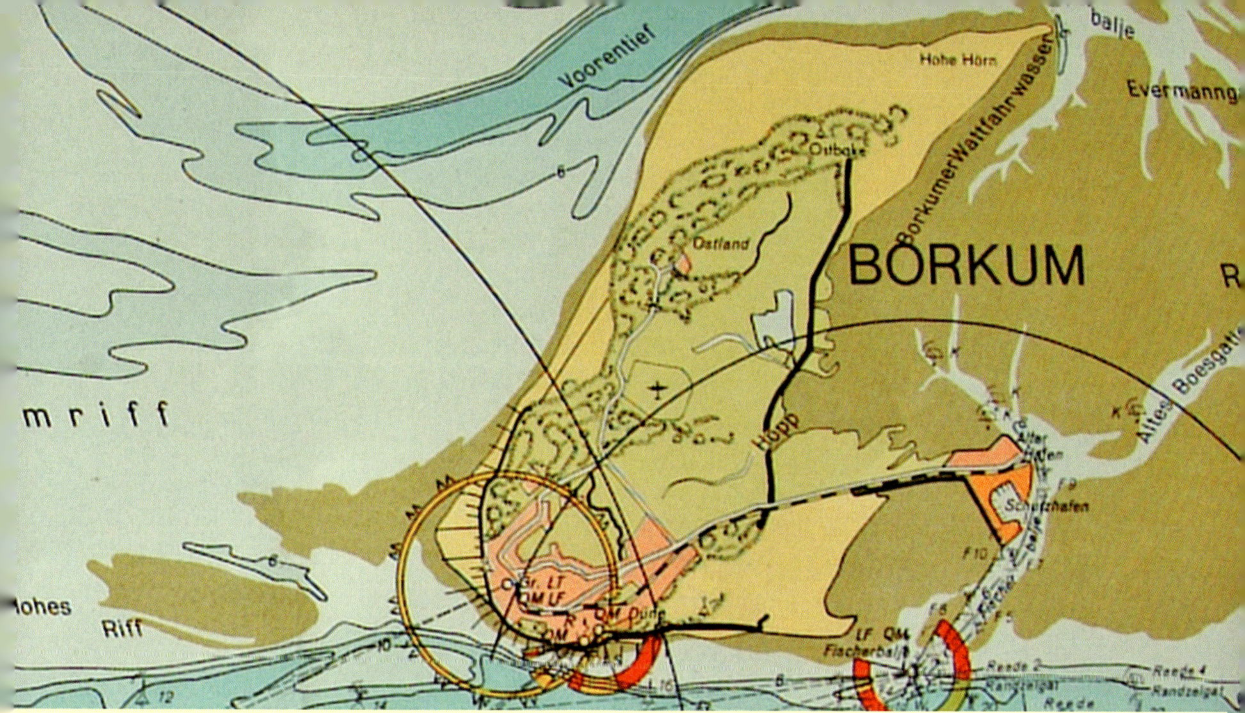

MRB BORKUM

Baujahr 1944
14,55m x 4,55m x 1,40m
150 PS
Außerdienststellung: 1957

MRB BORKUM im Einsatz

Für jede Bergung

Ein Ruhmesblatt der Deutschen

(um) Borkum. Gegen 17.30 Uhr am Mittwoch kam der Dampfer „Tees-wood" langsam durch das Hubertgat. Der optische Anruf von der Signalstelle wurde prompt beantwortet, doch wenige Minuten danach hörte der Diensthabende durch Funk, daß „Teeswood" ein Rettungsboot verlangte,

Die Presse berichtet (Originalbericht, in vielen Details aber ungenau und unkorrekt. Wir veröffentlichen ihn dennoch, da er auch in dieser Form ein zeitgeschichtliches Dokument darstellt. Der Autor.)

Für jede Bergung drei bis vier Anläufe
Ein Ruhmesblatt der Deutschen Gesellschaft zur Rettung Schiffbrüchiger

(um) Borkum. Gegen 17.30 Uhr am Mittwoch kam der Dampfer „Teeswood" langsam durch das Hubertgat. Der optische Anruf von der Signalstelle wurde prompt beantwortet, doch wenige Minuten danach hörte der Diensthabende durch Funk, daß „Teeswood" ein Rettungsboot verlangte, da er auf Grund geraten war. Im selben Augenblick erfolgte auch schon der Anruf beim Vormann Eiters, der in kurzen Stichworten die Lage. entgegennahm, Autobestellung, Benachrichtigung des Boots-maschinisten Meeuw und des freiwilligen Helfers Christoff Müller. Alles war in Sekundenschnelle erledigt. Kurze Fahrtdauer mit dem Wagen, und schon lösten sich die Leinen des Bootes.In stockfinsterer Nacht stampfte das dreizehn Meter lange Boot mit seiner 150 PS Maschine gegen die tosende See. Vormann Eilers und Müller standen im Oelanzug auf der freien Brücke. Mit großer Wucht schlug der überkommende Gischt beiden in die schmerzenden, brennenden Augen. Auch die Regen- und Hagelschauer, bei denen teilweise der Druck von Windstärke 11 dahintersaß, taten ihr übriges. Bald konnten der Havarist und der Bergungsdampfer „Seefalke" sowie Lotsendampfer „Emden" ausgemacht werden. Funksprüche gingen hin und her und gaben Aufklärung über Zustand und Lage des Havaristen. Zunächst dampfte Motorrettungsboot Borkum zur Steuerbordseite der „Teaswood", die bereits in der Mitte durchgebrochen war. Diese Seite erschien jedoch vollkommen aussichtslos, und so wählte Eilers die Backbordseite.

In stockfinsterer Nacht stampfte das dreizehn Meter lange Boot mit

:rei bis vier Anläufe

ellschaft zur Rettung Schiffbrüchiger

Speichen aus dem großen Handru-
brachen heraus. Am Deck arbeite-
Maschinist Meeuw und Müller un-
Aufbietung aller Kräfte, bis 13 der
Mann starken Besatzung an Bord
zogen waren. Die zwei von schwe-
Brechern vom Wrack gespülten M-
ner konnten nicht mehr beobach-
werden. Lange noch leuchtete m-
die See ab, doch sie gab die Kame-
den nicht wieder her. Mehrfach sch-
das Boot hart gegen das Wrack, u-
die dadurch entstandenen Schäden

Bergungsschlepper „Seefalke" unterstützte vorbildlich die Rettungsarbeiten durch Nachrichtenübermittlung und Anleuchten des Wracks mit seinem Scheinwerfer. Nun konnten die Schiffbrüchigen auf der Back und einige auf der Brücke ausgemacht werden.

Hervorragend waren die seemännischen Manöver, die Eilers mit seinem Boot durchführte. Bis an die Bordwand brachte er das kleine Boot, und jedesmal gehörten mindestens 3-4 Anläufe dazu, um aus den überkommenden Brechern ein Besatzungsmitglied zu bergen. Einmal hakte das Ruder des Rettungsbootes hinter die Ankerkette, doch gelang es, das Boot frei zu bekommen. Hierbei wurde das Ruderblatt beschädigt und drei Speichen aus dem großen Handruder brachen heraus. Am Deck arbeiteten Maschinist Meeuw und Müller unter Aufbietung aller Kräfte, bis 13 der 15 Mann starken Besatzung an Bord gezogen waren. Die zwei von schweren Brechern vom Wrack gespülten Männer konnten nicht mehr beobachtet werden. Lange noch leuchtete man die See ab, doch sie gab die Kameraden nicht wieder her. Mehrfach schlug das Boot hart gegen das Wrack, und die dadurch entstandenen Schäden behinderten die Manövrierfähigkeitdes Bootes. Etliche Schiffbrüchige erhielten Verletzungen und auch alle drei Rettungsmänner, die bis zur Haut durchnäßt waren, mußten ärztliche Hilfe, die bereits beim Einlaufen in den Hafen zur Stelle war, in Anspruch nehmen.

Die geretteten Besatzungsmitglieder waren voll des Lobes über die Rettungsarbeit und drückten ihre besondere Anerkennung über das deutsche Rettungswesen der Deutschen Gesellschaft zur Rettung Schiffbrüchiger aus: Die Namen dieser Männer: Wilhelm Eilers, Folkert Meeuw und Christoff Müller, die diese Leistungen vollbrachten, verdienen Dank und Anerkennung für ihren uneigennützigen, gefahrvollen Einsatz.

prochen war. Diese
edoch vollkommen
o wählte Eilers die

aus: Die Namen dieser Männ-
Wilhelm Eilers, Folkert Meeuw u-
Christoff Müller, die diese Leistung-

Vormann Wilhelm Eilers

v.l.n.r. Folkert Meeuw, Christoffer Müller, Wilhelm Eilers

Folkert Meeuw, genannt „Skipperke"

Dramatisc

im Nord

Dampfer „Teeswood“ zer

Ei
chlä
eim
Vinc
lbe
eid
on 1

13 N
otor

l. Ham
itet vo
Gebiet
ate der
is 80 Sc
rdostse
Opfer g
vood“ g

rd. Die
s sind

erettet. Zwei Mann sind ertrunken. ährend Hamburg mit dem Schrecken nes kurzen Gewitters davonkam, wur- n große Ländereien an der Nordsee- iste überschwemmt.

Die 15 Seeleute der „Teeswood“ üssen Furchtbares durchgemacht ha-

und ertrunken. Zw
dramatische Rettu

Die englischen S
im Bahnhofshotel
den Schiffbrüchig
Schwer- und Leic
tungstat beweist M
schaft der Bootsm

Die Presse berichtet (Originalbericht):

Dramatische Rettung im Nordseesturm
Dampfer „Teeswood" zerbrochen
Eigener Bericht

gkl. Hamburg, 29. November
Ein Sturm von unheimlicher Kraft, begleitet von heftigen Niederschlägen, suchte gestern Hamburg und große Gebiete der Nordseeküste heim. Aus Südwestrichtung kommend, erreichte der Sturm in Böen bis Windstärke 10. Die Küstenschiffahrt ruhte. Bis 80 Schiffe lagen auf der Elbe und in der Nähe der Einfahrt zum Nordostseekanal vor Anker. Leider hat sich das Unwetter auch wieder ein Opfer geholt. In der Nähe von Borkum ist der englische Dampfer „Teeswood" gestrandet.

13 Mann der Besatzung wurden vom Motorrettungsboot der Station Borkum gerettet. Zwei Mann sind ertrunken. Während Hamburg mit dem Schrecken eines kurzen Gewitters davonkam, wurden große Ländereien an der Nordseeküste überschwemmt. Die 15 Seeleute der „Teeswood" müssen Furchtbares durchgemacht haben. Das etwa 1200 Ladetonnen große Schiff der Reederei Donking Steamship Co. Ltd. in England war mit voller Ladung nach Emden unterwegs. In Sicht des Hafens Borkum brachen Sturm und Seegang mit solcher Kraft über den Dampfer her, daß er aus dem Kurs geriet. Die überlaufenden schweren Seen nahmen jede Sicht. Das Meer kochte. Schwere Brecher donnerten über das Deck. Bei Einbruch der Dunkelheit, kurz nach 18 Uhr, ist dann das Unglück geschehen. Der Engländer lief am Mövensteert, etwa drei Kilometer von Borkumer Strand, auf eine Untiefe. Offenbar wurde das Schiff von einer hochgehenden See mit voller Wucht so hart aufgesetzt, daß es bald darauf auseinanderbrach. Die Besatzung gab Notsignale. Die Rettungsstation Borkum alarmierte die Besatzung des Bootes. Unter Führung von Kapitän Wilhelm Eiters kämpfte sich das kleine Fahrzeug mit fünf Mann Besetzung durch die brüllende See. Unter unsagbaren Schwierigkeiten gelang es von den 15 Männern der „Teeswood" 13 an Bord zu nehmen. Unter den Geborgenen befindet sich der Kapitän des Schiffes, Crawford. Die Matrosen Swain und Cross sind über Bord gewaschen und ertrunken. Zwei Stunden hat diese dramatische Rettung gedauert.

Die englischen Seeleute übernachteten im Bahnhofshotel in Borkum. Unter den Schiffbrüchigen befanden sich Schwer- und Leichtverletzte. Die Rettungstat beweist Mut und Opferbereitschaft der Bootsmannschaften an der deutschen Küste und den hohen Wert der Einrichtung der Gesellschaft zur Rettung Schiffbrüchiger. Hamburg horchte auf, als gestern abend nach Einbruch der Dunkelheit blaues und gelbes Licht aus dem schwarzen Himmel zuckte. Sekunden später zitterte die Luft unter einem gewaltigen Donnerschlag. Dann war Totenstille. Ein kalter Blitz schlug ausgerechnet in das Meteorologische Amt am Hafen.Mit einer Stundengeschwindigkeit von 80 Kilometer jagte das Unwetter bi-. nach Dänemark hinauf. In Cuxhaven wurden während des Mittagshochwassers das Deichvorland und einzelne Hafenstraßen überschwemmt. Bei Brunsbüttel wurden die Außendeichländereien überflutet. Bei Tagesanbruch beruhigte sich der Sturm. Es scheint aber nur eine Atempause zu sein. Gegenwärtig weht es noch mit Windstärke 8. Vor einem neuen Sturm wird gewarnt. Kiel erlebte gestern den ersten Schnee. Die Temperatur sank ruckartig auf zwei Grad über Null.

MRB BORKUM am Wrack der TEESWOOD

Das Wrack der TEESWOOD

Vormann der MRB BORKUM am Steuerstand

Der Ruderschaden am MRB BORKUM

Heroische Rettungstat vor der Ems:

„Teeswood" im Orka

Motorrettungsboot „Borkum" holte dreize

Drahtbericht unseres Brak

Borkum. (Eigenbericht.) Bei orkanartigem Nordwe

Die Presse berichtet (Originalbericht, in vielen Details aber ungenau und unkorrekt. Wir veröffentlichen ihn dennoch, da er auch in dieser Form ein zeitgeschichtliches Dokument darstellt. Der Autor.)

Heroische Rettungstat vor der Ems:
„Teeswood" im Orkan auseinandergebrocen
Motorrettungsboot „Borkum" holte dreizehn Mann von Bord Zwei Seeleute ertrunken
Drahtbericht unseres Braker Mitarbeiters Horst Walter

Borkum.(Eigenbericht.) Bei orkanartigem Nordweststurm wurde, wie wir bereits kurz berichteten, in der Nacht auf Donnerstag der 864 BRT große britische Frachtdampfer „Teeswood", (Baujahr 1915), der mit einer Ladung Eisenschlacke von England nach Emden unterwegs war, von gewaltigen Grundseen gepackt und in der Außen-Ems bei Leuchttonne „Möwensteert' auf Grund gesetzt. Der Kapitän hatte versucht, da das Barometer weiter fiel, ohne Lotsen durch das Hubertgat zu laufen, um schnell schützendes Land zu erreichen. Durch den Aufprall brach das Schiff in zwei Teile. Die von den Küstenstationen aufgefangenen SOS - Rufe wurden an die Rettungsstationen weitergeleitet, und wenige Zeit später trafen bei der ,Unglücksstelle ein holländischer und ein deutscher Lotsendampfer sowie der deutsche Rettungsdampfer „Seefalke" ein. Doch diese Schiffe konnten sich in dem seichten Wasser und der tobenden Grundsee nicht an das Wrack heranarbeiten. Lediglich das Motorrettungsboot „Borkum" fuhr in restlosem Einsatz an das Schiff heran. Vormann Kapitän W. Eilers, Borkum, gibt von seiner Rettungsfahrt folgenden Bericht:

Wenige Minuten nach Positionsempfang liefen wir aus. Der Wind fegte mit einer Stärke von elf bis zwölf das Wasser gegen die Watten flächen. Regen- und Hagelböen erschwerten die Sicht. Zwei Meilen nördlich der Leuchttonne „Möwensteert" sichteten wir dann das Unglücksschiff. Breite Brecher liefen ununterbrochen über das Fahrzeug, von dem zeitweise nur die Kommandobrücke aus dem kochenden Wasser ragte. Das deutsche Rettungsschiff „Seefalke" fuhr, soweit es sein Tiefgang erlaubte, an das Wrack heran und unterstützte uns mit seinen starken Scheinwerfern. Zwanzugmal musste es gegen die „Teeswood" anfahren, Raketenleinen- und Hosenbojeneinsatz waren unmöglich. Immer wieder versuchten wir, durch die Grundsee an das Wrack heranzukommen. Dann gelang es uns, den ersten Engländer vom Vorschiff zu holen. Die „Borkum" krachte dabei, von einer See hochgeschleudert, gegen die Bordwand des Frachters. In großen Zeitabständen gelang es uns, unter Außerachtlassung aller

auseinandergebrochen

Mann von Bord / Zwei Seeleute ertrunken

Mitarbeiters Horst Walter

Sicherheitsmaßnahmen für das eigene Boot, einen nach dem anderen herunterzuholen.

Gegen Mitternacht. nahm der Sturm noch weiter zu. Auf der „Teeswood" herrschte das Chaos. Ladebäume zer- schlugen krachend die Lukendeckel, Drahtseile wirbelten durch die Luft, Rettungsboote trieben zerschlagen vor den Aufbauten. Wir mußten mit ansehen, wie zwei englische Seeleute, Koch Gunnei aus Mon (Japan) nördlich der Leuchttonne „Möwen- und der Steward Caffee aus Mansack (Südafrika), die eben im Begriff waren überzusteigen, von einem Brecher über Deck geschleudert wurden und in der Gischt verschwanden. Als letzter ging der britische Kapitän, der sich auf der Kommandobrücke festgeschnallt hatte, von Bord. An Bord des Motorrettungsbootes „Borkum" befanden sich außer Kapitän Wilhelm Eilers noch die Rettungsleute Folkert Meeuw und Christoph Müller, beide aus Borkum. Müller wurde durch eine Grundsee gegen die Aufbauten gedrückt und erlitt schwere Verletzungen, die nach der Rückkehr seine Überführung in das Borkumer Krankenhaus notwendig machten. Das Rettungsboot selbst konnte sich nur mühsam in der See halten und wurde am Rumpf beschädigt. Das Steuerrad auf dem oberen Kommandostand zersplitterte wie eine Streichholzschachtel.

Die dreizehn geretteten britischen Seeleute wurden im Bahnhofshotel untergebracht, die Verletzten ins Krankenhaus eingeliefert. Gestern nachmittag um 14.15 Uhr sichtete der norwegische Dampfer „Marvel" bei Tonne Emshörn-Nord eine treibende Leiche. Das Motorrettungsboot „Juist" nahm unverzüglich die Suche auf. Wie wir von der Deutschen Gesellschaft zur Rettung Schiffbrüchiger ergänzend erfahren, war dies die seit Jahren schwerste Einsatzfahrt eines deutschen Motorrettungsbootes. Ohne den beispiellosen Mut der drei Borkumer Rettungsmänner wäre die britische Besatzung verloren gewesen. Nach einer gestrigen Besichtigung an der Unglücksstelle wurde berichtet, daß nur noch die Kommandobrücke und das Achterschiff des auseinander-gebrochenen Frachtdampfers aus der See ragen. Das Schiff gilt als verloren. Das Motorrettungsboot „Borkum" mußte eine Werft aufsuchen. Es wird für diese Dauer von dem Motorrettungsboot „Juist" abgelöst. An den übrigen Plätzen der Deutschen Bucht. und in der Weser, Elbe und Ems ankerten in den letzten beiden Tagen zusammen über hundert kleine Seeschiffe, die vor dem Sturm rechtzeitig Schutz suchen konnten. Auf den Schiffahrtswegen vor der Küste wurden nach Meldungen elf Leuchttonnen durch den Sturm. gelöscht. Die Lotsendampfer waren nicht in der Lage, Lotsenversetzdienste zu leisten. Das Wasser der Nordsee drückte vorgestern und gestern stark in die Flußmündungen hinein. Das Abendhochwasser stieg am Mittwoch vor Borkum fast 1,50 Meter über den Normalstand. Die schwere Brandung spülte am Südstrand erhebliche Sandmengen fort.

Am Tag danach: MRB BORKUM am Wrack der TEESWOOD

DER DANK

Aus der Bremer Tageszeitung WESER KURIER:

„Hallo, Jungs, stellt euch mit euren dicken Orden nicht alle zusammen, wir krigen ja Schlagseite!"

Die Rettungsmänner Vormann Wilhelm Eilers, Folkert Meeuw und Christoffer Müller in Bremen

Die Presse berichtet:
(Originalbericht)

Verdienter Dank !
Den Besatzungsmitgliedern des Rettungsbootes „Borkum“ gingen von amtlichen Stellen nachstehende Schreiben des Dankes und der Anerkennung zu.

Von : G. de la Poer Beresford
British Resident
Leer/ Ostfriesland
Friesenstraße 42

An : Herrn Bürgermeister Friedrich Klennert Nordseebad Borkum
Betr Verlust des britischen Dampfers Teesdale am 28. November 1951

Sehr geehrter Herr Bürgermeister !

Der britische Konsul in Bremen hat mich gebeten, durch Sie die Anerkennung und den Dank der britischen Regierung zu übermitteln für die unermüdlichen und überaus tapferen Bemühungen der 3 Männer der Besatzung des Borkumer Rettungsbootes beim Retten von 13 von der insgesamt 15köpfigen Besatzung des Dampfers Teesdale, als dieses britische Frachtschiff am Mittwoch, den 28. November, abends an der Südküste der Insel Borkum havarierte. Es ist eindeutig und ausschließlich dem überaus tapferen Einsatz dieser 3 Männer des Borkurner Rettungsbootes zu verdanken, daß nach zweieinhalbstündigem unaufhörlichen Bemühen unter den gefährlichsten Bedingungen, die die See und das Wetter stellten, die 13 Ueberlebenden des Wracks des Dampfers Teesdale schließlich sicher an Land gebracht wurden. Ich werde mich freuen, wenn Sie bitte den drei Männern der Besatzung des Borkumer Rettungsbootes die Anerkennung der britischen Regierung für den hervorragen• den Dienst, den diese 3 Männer versehen haben, zum Ausdruck bringen.

Würden Sie . mir bitte die Namen der betreffenden drei Männer mitteilen.
Mit vorzüglicher Hochachtung
G. de la Poer Beresford

Landkreis Leer Leer, den 30. 11. 1951
An
Herrn Kapitän W. E i l e r s,
Vormann des Motorrettungsbootes Borkum
d. d. Herrn Stadtdirektor in Borkum

r Dank!

für Ihre opfermutige Rettung der Seeleute des brit. Fr dampfers „Teeswood" in der Nacht zum 29. November Dank und Anerkennung aussprechen. Wir sind stolz

Namens des Landkreises Leer möchte ich Ihnen und Ihren Männern Folkert M e e u w und Christoph Müller für Ihre opfermutige Rettung der Seeleute des brit. Frachtdampfers „Teeswood" in der Nacht zum 29. November 1951 Dank und Anerkennung aussprechen. Wir sind stolz darauf, daß es Borkumer waren, die auch hier wieder den deutschen Namen zu Ehre brachten und im selbstlosen Einsatz für ihre Mitmenschen bereit waren, selbst das eigene Leben zu opfern. Gleichzeitig bitte ich Sie, Ihrem schwerverletzten Kameraden Christoph Müller unsere herzlichsten Genesungswünsche zum Ausdruck zu bringen.

Der Oberkreisdirektor Schuster

Stadt Nordseebad Borkum
Meeresheilbad

„Die Rettungstat, die Sie, zusammen mit Ihren beiden Kameraden, in der Nacht zum 29. November 1951 bei der Bergung der Schiffbrüchigen des britischen Dampfers „Teeswood" vollbrachten, bewegt sich außerhalb der durch Dank auszuzeichnenden Taten; der Einsatz des eigenen Lebens zur Rettung unbekannter Menschen enthält in sich eine Anerkennung, die keiner Worte mehr bedarf. Darüber hinaus jedoch wird Ihr Einsatz mit dem Namen unserer Insel verbunden bleiben: es waren Borkumer, Deutsche, die britische Seeleute unter schwersten Bedingungen dem sicheren Tode entrissen. — Es gibt Werke, die durch ihre Eindringlichkeit mehr wirken und mehr dem Zusammenfinden aller Menschen dienen, als es die Bemühungen offiziell hierzu Berufener zu tun vermögen. Dazu gehört Ihre Tat. Namens der Borkumer Bevölkerung möchte Ihnen die Stadtvertretung die Anerkennung aller Inselbewohner aussprechen und Ihnen für die Zukunft für Ihren freiwilligen Dienst bei der Deutschen Gesellschaft zur Rettung Schiffbrüchiger weiterhin Erfolg und alles Gute wünschen.

Borkum, den 14. Dezember 1951
Im Auftrage des Rates der Stadt

Klennert — Dabelstein
Bürgermeister — Ratsherr

Bei dieser Gelegenheit möchten wir noch erwähnen, daß die englische Zeitung „Evening News" in ihrer Ausgabe vom 10. Dezember einen sehr anerkennenden Bericht des zweiten Ingenieurs der „Teeswood", Robert Atkinson, über die Rettungstat mit dem Bilde unseres Rettungsbootes „Borkum" veröffentlicht hat.

Borkum, den 14. Dezember 1951
Im Auftrage des Rates der Stadt

„Ich hab auf schw

Besuch von Heuss im Hauff-Saa

Im Hauff-Saal der Ratshalle ...

die mit ihren Angehörigen un
die Auszeichnung feierten. Präsident Heu
hatte zuv ... n
Gertrud H ... g d
Focke-Mus ... sha
besichtigt. ... n F
gionen de

Harms ... espr
sidenten, ... Bran
horst und ... d g

Bundespräsident Prof. Dr. Heuss zeichnet die Rettungsmänner aus.

den Dank für die Auszeichnungen weiter
das deutsche Volk, „das durch seine Pfenni
spenden die Ausrüstung der Boote ermö

Die Presse berichtet (Originalbericht):

„Ich hab auf schwäbisch geschwätzt"
Besuch von Heuss im Hauff-Saal - „Das ist keine Sentimentalität"

Im Hauff-Saal des Ratskellers saßen die ausgezeichneten Besatzungen der beiden Boote „Borkum" und „Norderney" der „Deutschen Gesellschaft zur Rettung Schiffbrüchiger" zusammen. Den Bundespräsidenten hatten sie schon am Morgen bei der feierlichen Zeremonie der Medaillenverleihung gesehen. Aber er kam noch einmal zu ihnen, privat sozusagen, zu den Männern, die mit ihren Angehörigen und Kameraden die Auszeichnung feierten. Präsident Heuss hatte zuvor mit seiner Begleitung, von Dr. Gertrud Harms geleitet, die Ausstellung des Focke-Museums in der unteren Rathaushalle besichtigt. Dann stieg er in die tieferen Regionen des Ratskellers hinab.

Harms Fischer begrüßte den Bundespräsidenten, der sich zwischen Kapitän Brandhorst und Vater Rass niederließ, und gab den Dank für die Auszeichnungen weiter an das deutsche Volk, „das durch seine Pfennigspenden die Ausrüstung der Boote ermöglicht hat". „Der Rass hat mit mir plattdeutsch rede wolle, aber ich hab ihn reingelegt, ich hab auf schwäbisch mit ihm geschwätzt", begann der Bundespräsident seine kleine Rede, die oft von herzlichem Lachen der Seeleute unterbrochen wurde. Er bezog die Heiterkeit nicht zu Unrecht auf sein schwäbisches „Maulwerk" und stellte fest: „Der Ebert und der Hindenburg haben hochdeutsch gesprochen, aber vom Heuss meinen die Leut, er kann's nicht." Nochmals gab der Bundespräsident seinem. Dank an die tapferen Besatzungen und seiner Freude Ausdruck, eine Viertelstunde privatim bei seinen norddeutschen Freunden gewesen zu sein. „Das ist keine Sentimentalität, daß ich das bewegt sage, sondern aufrichtige, herzliche Dankbarkeit." „Wo die Nordseewellen trecken an den. Strand . . ." hatten die Seeleute ihrem Bundespräsidenten gesungen und „Hipp-hipphurra" riefen sie, als er den Hauff-Saal des Ratskellers verließ. Drauf Heuss: „Singe könne se, die Norddeutsche, aber schreie könne se auch!"

Ausklang

Die gestrigen Veranstaltungen zum Besuch des Bundespräsidenten fanden ihren Ausklang in einem Gesellschaftsabend der Carl-Schurz-Gesellschaft im Festsaal des Neuen Rathauses. Prof. Heuss, der niedersächsische Ministerpräsident K o p f, Admiral Jeffs, Vertreter des Bremer Senats und der Wirtschaft befanden sich unter den Gästen, die von Senator Dr. Apelt als Präsident mit launigen Worten begrüßt wurden. Im allseitigen Einvernehmen, so sagte er, habe man auf jegliche weitere Rede verzichtet, da der Bundespräsident bei der Schaffermahlzeit am Freitag angesichts von elf angemeldeten Reden genug Gelegenheit haben werde, bremische Redekunst zu erleben. So diente der ganze Abend der zwanglosen Geselligkeit, und der Bundespräsident weilte noch bis zur nahen Mitternacht inmitten der Gesellschaft.

Auszeichnungen fü

ormann Wilhelm Eilers (Goldene

Für den Seenotfall des englischen Dampfers TEESWOOD überreichte der britische Konsul in Bremen, T. R. Shaw, den drei Rettungsmännern des Motorrettungsbootes BORKUM ein Schreiben des Staatssekretärs des britischen Verkehrsministeriums sowie je ein silbernes Zigarettenetui.

daille) rettete mit dem Motorlogger

Rettungsmänner

51 in der Nordsee gekenterten norwe-
schen Dampfers „Bess".
Kapitän und Besatzung des Loggers
Adolf" erhielten auf der gestrigen

Die Presse berichtet:
(Originalbericht)

Auszeichnungen für Rettungsmänner

Vormann Wilhelm Eilers (Goldene Medaille am Bande der DGzRS), Motormann Folkert B.Meeuw, (Silberne Medaille), Rettungsmann Christoffer Müller, (Silberne Medaille) sämtlich vom. Motorrettungsboot „Borkum". Sie retteten am 28. November 1951 unter größter eigener Gefahr bei schwerem Weststurm vom englischen D. „Teeswood" 13 Mann aus fast hoffnungsloser Lage.

Vormann Joh.Friedr, Rass sr. und Motormann Harm Fischer (Silberne Medaille) sowie Rettungsmann Joh. Friedr. Rass jun. (Bronzene Medaille). Sie waren die Besatzung des Motorrettungsbootes „Norderney", das am 11. Dezember 1949 vor Norderney vier Mann und eine Frau eines in schwerer Brandung liegenden Wracks des deutschen Baggers „Löwe" rettete.

Kapitän Karl Brandhorst (Silberne Medaille) rettete mit dem Motorlogger B. V. 25 „Adolf" am 12. August 1951 neun Schiffbrüchige des am 12. August 1951 in der Nordsee gekenterten norwegischen Dampfers „Bass".

Kapitän und Besatzung des Loggers „Adolf" erhielten auf der gestrigen Feier auch vom Königlich-Norwegischen. Generalkonsul in Hamburg, Hersleb Birkeland, ein von der Reederei des gesunkenen Dampfers ausgesetztes Geldgeschenk.

Für den Seenotfall des englischen Dampfers „Teeswood" überreichte der britische Konsul in Bremen, T. R. Shaw, den drei Rettungsmännern des Motorrettungsbootes „Borkum" ein Schreiben des Staatssekretärs des britischen Verkehrsministeriums sowie je ein silbernes Zigarettenetui.

„Jetzt snak ick Plattdütsch", dankte Vormann Johann Friedrich Rass sr. im Namen der ausgezeichneten „Insulaner von dem Rettungsdienst". „Gott holt dat Lot / und Seefohrt is not / de Rettungsdienst / holt dat in Leben und Dod. Wi moken us Arbeit so wieder wie wi bit nu don hebt", gelobte er.

ot / und Seefohrt is not / de Rettungs-
enst / holt dat in Leben und Dod.

DEUTSCHE GESELLSCHAFT ZUR RETTUNG SCHIFFBRÜCHIGER

DER VORSTAND

Bremen, den 13. Dezember 1951
Werderstr. 44/46 Telefon: 53843

An die

Besatzung des Rettungsbootes " Borkum ",

B o r k u m

Mit grosser Freude erfuhren wir von Ihrem heldenhaften Einsatz mit dem Motorrettungsboot " Borkum " bei dem Seenotfall des englischen Dampfers " Teeswood " am 28. November 1951 vor Borkum. Für die mit Umsicht und Tatkraft durchgeführte Rettungsaktion, bei der 13 Menschenleben gerettet werden konnten, sprechen wir Ihnen allen unseren Dank und unsere besondere Anerkennung aus. Diese Rettungsfahrt ist eine der schwersten, die in diesem Jahr ausgeführt wurde und wir sind mit Recht stolz darauf, dass es uns wieder einmal gelungen ist, den Mut und die Tatkraft unserer Rettungsmänner sowie unseres Motorrettungsbootes " Borkum " unter Beweis zu stellen.

Wir hoffen, dass Ihre Verletzungen, die Sie sich bei der Rettung zugezogen haben, inzwischen geheilt sind.

Für Ihren weiteren Einsatz wünschen wir Ihnen viel Erfolg.

Gott segne das Rettungswerk!

Deutsche Gesellschaft
zur Rettung Schiffbrüchiger

Herm. Helms, jr.
Vorsitzer

W. Vinnen
stellv. Vorsitzer

Stadt Nordseebad Borkum

MEERESHEILBAD

Die Rettungstat, die Sie, zusammen mit Ihren beiden Kameraden, in der Nacht zum 29. November 1951 bei der Bergung der Schiffbrüchigen des britischen Dampfers "Teeswood" vollbrachten, bewegt sich außerhalb der durch Dank auszuzeichnenden Taten; der Einsatz des eigenen Lebens zur Rettung unbekannter Menschen enthält in sich eine Anerkennung, die keiner Worte mehr bedarf.

Darüber hinaus jedoch wird Ihr Einsatz mit dem Namen unserer Insel verbunden bleiben: es waren Borkumer, Deutsche, die britische Seeleute unter schwersten Bedingungen dem sicheren Tode entrissen. - Es gibt Werke, die durch ihre Eindringlichkeit mehr wirken und mehr dem Zusammenfinden aller Menschen dienen, als es die Bemühungen offiziell hierzu Berufener zu tun vermögen.

Dazu gehört Ihre Tat.

Namens der Borkumer Bevölkerung möchte Ihnen die Stadtvertretung die Anerkennung aller Inselbewohner aussprechen und Ihnen für die Zukunft für Ihren freiwilligen Dienst bei der Deutschen Gesellschaft zur Rettung Schiffbrüchiger weiterhin Erfolg und alles Gute wünschen.

Borkum, den 14. Dezember 1951

Im Auftrage des Rates der Stadt:

(Bürgermeister) (Ratsherr)

Herrn Wilhelm Eilers

Nordseebad B o r k u m

Richthofenstraße 5

Borkum ehrte die Rette

Die Presse berichtet (Originalbericht):

Borkum ehrte die Retter der „Teeswood"-Besatzung

Borkum. 16. Februar 1952 Etwas später als vorgesehen, lief das Rettungsboot „Adalbert Korff" am Sonnabend um 13.15 Uhr in den hiesigen Hafen ein. Das neue Boot, das neben der „Borkum" zum besonderen Einsatz im Wattenmeer nach hier verlegt worden ist, brachte zwei unserer Rettungsmänner, die kürzlich durch den Bundespräsidenten in Bremen ausgezeichnet wurden, zur Insel zurück: Vormann Willi Eilers und Rettungsmann Chr. Müller. Der dritte, Folkert Meeuw, war mit unserer bewährten „Borkum" zur Durchführung von Motorreparaturen in Bremen geblieben. Ahnungslos wie immer, wenn sie von Einsatz- oder Übungsfahrt zurückkehrten, stiegen beide Männer an Land, sahen sich aber plötzlich einer ungewohnten ‚Situation gegenüber. Zwei kleine Mädchen, Maike Meyer-Gerhards und Isolde Specht, traten ihnen entgegen und überreichten als Willkommensgruß einen herrlichen Blumenstrauß, einen Gruß, zu dem der Vorsitzende des Ortsausschusses der Deutschen Gesellschaft zur Rettung Schiffbrüchiger, Dr. Hermann Meyer-Gerhards und das Vorstandsmitglied des Ausschusses, Johann Specht, herzliche Worte der Begrüßung fanden. Der Einsatzwagen der Freiw. Feuerwehr Borkum brachte die Retter der „Teeswood"-Besatzung nach Hause. Am Abend hatte die Stadtverwaltung im Hotel D. Bakker jr. einen offiziellen Empfang vorbereitet, zu dem nicht nur die Angehörigen der Rettungsmänner und der Rat der Stadt geladen waren, sondern auch Männer unserer Rettungsstation, denen die Zeit das Ruder längst aus der Hand nahm und solche, die als Helfer den Nachwuchs der Bootsbesatzungen darstellen. Nach einer musikalischen Einleitung, die auf den besonderen Charakter der Stunde abgestimmt war, entbot Bürgermeister Klennert, der den Feierlichkeiten in Bremen persönlich beigewohnt hatte, den offiziellen Willkommensgruß der Insel. Aus dem unmittelbaren Erleben des festlichen Tages in der Hansestadt richtete er tiefempfundene Worte des Stolzes und des Dankes an die Männer, deren selbstloser Einsatz im November vorigen Jahres in den Sprachen aller Kulturnationen der Erde verkündet wurde. Er gedachte des fernen Folkert Meeuw, dessen Fehlen in dieser Stunde alle schmerzlich empfanden. Den Ehefrauen überreichte der Bürgermeister rote Tulpensträuße und, ehrte mit einer schönen Geste durch Überreichung eines Straußes an den unverheirateten Chr. Müller für seine Mutter auch die Mütter der Männer, die am Gestade unserer Insel über dem Leben der Kameraden zur See wachen. Die vom Chor des Vereins Borkumer Jungens vorgetragene „Sturmbeschwörung" wies .den Weg zurück in jene dunklen Stunden des 29. November 1951. In Fortführung dieser Gedanken trug der 93jährige frühere Vormann der hiesigen Station, Hermann Akkermann, der selbst mit der silbernen Medaille ausgezeichnet ist, ein vom ihm verfaßtes Gedicht über den Rettungseinsatz vor. Im Namen der Stadt-Verwaltung sprach sodann Stadtdirektor Dr. Speer. Auch aus seinen Worten klang die Freude und der Stolz, daß es Männer unserer Insel waren, die der Welt ein leuchtendes Beispiel gaben, daß über allem Trennenden die alles einigende Nächstenliebe steht. Als Leiter der Kurverwaltung würdigte Rektor Müller die Tat als Ausdruck eines hohen ethischen Gedankens, der das Streben nach Ehre und ‚Auszeichnungen weit hinter sich läßt. Sein Ursprung liegt im letzten Grunde in der tiefen Liebe zur Meer-Heimat, die mehr als alles andere befähigt, über Grenzen hinaus zu denken. Ihr gab das Insellied des Chores gerade hier ergreifenden Ausdruck. — Der Kurdirektor überreichte Eilers und Müller eine Begrüßungsadresse der Stadtverwaltung und eine Ehrenkurkarte. Nachdem auch er noch einmal der „Teeswood"-Rettung gedacht hatte, machte der Vorsitzende des hiesigen Ortsausschusses, Dr. Meyer-Gerhards, interessante Ausführungen über die Pläne zur Deutschen Gesellschaft zur Rettung Schiffbrüchiger. Solche Rettungstaten, be-

er „Teeswood"-Besatzung

sonders aber solche wie die vom 29. November, die allerdings auch in der stolzen Erfolgsstatistik der Gesellschaft nur selten sind, ermutigen immer wieder zu Verbesserungen und Neuerungen trotz aller Schwierigkeiten und begrenzten Möglichkeiten. Es ist beabsichtigt, so führte der Redner aus, mehrere große Motorrettungsboote mit einer Geschwindigkeit von ca. 20 Seemeilen, die erheblich größer sind als die größten der jetzt in Dienst befindlichen, zu bauen. Diese Boote, die mit einer Berufsbesatzung bemannt werden, sollen bei gefährlichem Wetter ein bestimmtes Seegebiet abfahren, um notfalls sofort oder in kürzester Frist zur Stelle zu sein. Für die innere Deutsche Bucht sind drei solcher Boote vorgesehen, und zwar eines auf Station Borkum für das Gebiet bis Feuerschiff Norderney, auf Station Helgoland ebenfalls bis Feuerschiff Norderney und auf Station Sylt bis Helgoland, so daß in den Sicherungsbereich der drei Boote das ganze Seegebiet Borkum—Helgoland—Sylt einbezogen ist. Dr. Meyer-Gerhards brachte den Dank der Gesellschaft an. die Inselbevölkerung zum Ausdruck, die stets mit großem Verständnis und hohem Opfersinn ihre Aufgaben gefördert habe. Anschließend ergriff Hermann Akkermann das Wort zu einem aus der Erinnerung gegebenen Rückblick auf das Rettungswesen auf Borkum von seinen Uranfängen etwa um 1865 bis auf den heutigen Tag. Wenn auch der Oldermann des Vereins Borkumer Jungens noch kurz den Gruß der Jungens entbot, so unterstrich er nur das, was der Chor bereits durch seine wirkungsvoll vorgetragenen Lieder zum Ausdruck gebracht hatte, das Gefühl unmittelbarer Zusammengehörigkeit. Sind doch aus diesem ältesten Verein unserer Insel immer wieder Rettungsmänner der Gesellschaft hervorgegangen. Auch Chr. Müller gehört ihm noch heute an. Ein letztes Lied erklang „Vom hohen Olymp herab ward uns die Freude". Der offizielle Empfang war beendet. Mit schlichten, aus dem Herzen kommenden Worten dankte Willi Eilers allen, die ihm und seinem Kameraden Müller diese festliche Stunde bereitet hatten. Dann saßen sie nicht mehr im Mittelpunkt, sondern fanden sich in kleiner Runde, ganz privat, und mußten erzählen von alledem, was sie erlebt hatten. „Es war in Bremen schön und erhebend. Am schönsten aber war", so sagte Eilers, „„dieser Empfang, dieser Abend — denn darauf waren wir nicht gefaßt. Aber wenn wir's gewußt hätten, dann hätten wir auch Folkert Meeuw bestimmt mitgebracht." Es lag so viel ehrliches Bedauern in seinen Worten. Und wer hätte dieses Bedauern nicht verstanden? Denn wann und wo man auch immer von der Rettung der 13 Mann der „Teeswood" sprechen wird, immer werden die drei Namen Eilers, Meeuw und Müller zusammenklingen, so untrennbar, wie sie mit dem Namen Borkum in zwiefacher Hinsicht immer werden verbunden sein.Wir lassen den Text der Begrüßungsadresse folgen, die den aus Bremen zurückgekehrten Rettungsmännern auf dem ihnen zu Ehren von der Stadtverwaltung veranstalteten Empfang überreicht wurde.

Sehr geehrte Herren Eilers, Meeuw und Müller,
nach erlebnisreichen Tagen kehren Sie auf unsere Insel zurück. Dank und Anerkennung wurden Ihnen von vielen Seiten zuteil, unser Bundespräsident, Herr Prof. Heuß, gab diesen Tagen die Prägung. Bald wird Sie wieder der Kreis Ihrer täglichen Pflichten einschließen, und es bleibt eine Erinnerung, die auch auf unserer Insel wachbleiben wird. Unsere schnellebige Zeit wird weitergehen, neue Erlebnisse werden uns in ihren Bann schlagen, aber so, wie jede selbstlose Tat in sich lebt und aus sich heraus wirkt, wird das Geschehen des 29. November 1951 bleiben, was es war: eine menschliche Tat, die aus der Drangsal unserer Tage herausragt.Mit den Glückwünschen und den Willkommensgrüßen Ihrer Heimatinsel sei Ihnen heute als äußeres Dankeszeichen eine Ehrenkarte-überreicht, die Sie teilheben lassen möge an den Einrichtungen unserer Stadt, die stolz auf Sie ist und Ihnen für Ihre Zukunft und für Ihren schweren freiwilligen Dienst alles Gute wünscht.

Borkum, den 16. Februar 1952 — Der Rat der Stadt Borkum, Bürgermeister — Der Stadtdirektor, Ratsherr

1. Mai 1952: Der 93-jährige frühere Vormann Hermann Akkermann, der selbst mit der silbernen Medaille ausgezeichnet ist, gratuliert Wilhelm Eilers

16. Februar 1952: Christoffer Müller, Wilhelm Eilers

Mut und see

Drei Borkumer retteten 555 M

(um) **Borkum.** Im festlich geschmück-
en Weißen Saal des Dorfhotels konn-
en am Vormittag des 1. Mai die zahl-
eich erschienenen Insulaner eine er-
ebende Feier erleben. „Die Himmel
ühmen des Ewigen Ehre", spielte die
euerwehrkapelle unter Leitung von
vert
erme
eier
n der
igun
vies
chen
ätigk
omm
ll di
nter
Diens
Werkes ihr Leben ließen. Zum Geden-
ken an Vormann Hans Lüken mit sei-
ner tapferen Besatzung: Glockmann,
Eltze, Nolting, Meienburg und Ohl-
sen, die ihren Einsatz mit dem Leben
auf dem Borkumer Rettungsboot Hin-

Ballade
Lied v
würdigt
ältesten
sellscha
Akkerm
schenlel
fr
ler,
ter
esw
eson
nner
gens
Sie
ßen
n Fa
Los
tungswe
Vorstan
tung Sc
ter Goe

1. Mai 1952: Ehrung der Rettungsmänner Wilhelm Eilers, Folkert Meeuw und Christoffer Müller durch Reg. Präsident Ludwig Hamann im Borkumer Dorfhotel

Die Presse berichtet:
(Originalbericht)

Mut und seemännisches Können

Drei Borkumer retteten 555 Menschenleben / Die Feierstunde mit Kapitän Rass (um) Borkum. Im festlich geschmückten Weißen Saal des Dorfhotels konnten am Vormittag des 1. Mai die zahlreich erschienenen Insulaner eine erhebende Feier erleben. „Die Himmel rühmen des Ewigen Ehre“, spielte die Feuerwehrkapelle unter Leitung von Evert Wybrands zur Einleitung. Bürgermeister Klennert eröffnete die Feier mit einer Begrüßungsansprache, in der er auf die besondere Würdigung und Ehrung dieser beiden hinwies und betonte, daß sie als Menschen für ihre langjährige erfolgreiche Tätigkeit diese Auszeichnung bekommen, um sie zu tragen für all die freiwilligen Retter, die noch unter uns weilen, und für die, die im Dienste des menschenwürdigsten Werkes ihr Leben ließen. Zum Gedenken an Vormann Hans Lüken mit seiner tapferen Besatzung: Glockmann, Eltze, Nolting, Meienburg und Ohlsen, die ihren Einsatz mit dem Leben auf dem Borkumer Rettungsboot „Hindenburg‘ am 28. 11. 1940 bezahlten, erhoben sich die Anwesenden von ihren Plätzen. „Held ist, der sich freiwillig opfert, nicht wer geopfert wird“, waren die anerkennenden Worte des Regierungspräsidenten Hamann. Kapitän Eilers hat mit Erfolg 247, Maschinist Meeuw 215 Menschenleben dem nassen Tod entrissen und es ist nichts treffender für diese Helden als die Ballade von Bürger „Hoch klingt das Lied vom braven Mann!“ Ferner würdigte der Redner die Taten des ältesten Mitgliedes der Rettungsgesellschaft, des 93jährigen Hermann. Akkermann, der ebenfalls 105 Menschenleben rettete und gratulierte dem freiwilligen Helfer Christoph Müller, der sich besonders im letzten Winter bei der Rettung der dreizehn „Teeswood“-Angehörigen hervortat. Besonders eindrucksvoll wirkte der Männerchor des Vereins der Borkumer Jungens mit. „Sie sind nicht allein, — unsere heißen Wünsche begleiten sie auf ihren Fahrten. Doch über allem steht die Losung „Gott segne das Rettungswerk“, sagte im Auftrage des Vorstandes der Gesellschaft zur Rettung Schiffbrüchiger deren Abgesandter Goebel, Bremen.

DIE GERETTETEN

Vier der geretteten Seeleute der TEESWOOD

Die geretteten Seeleute der TEESWOOD gemeinsam mit ihren Rettern

Besatzung der „Teeswood" gelandet

Der heldenhafte Einsatz des „Borkum"-Rettungsbootes

ems. Gestern, kurz nach 9 Uhr, landete der Borkum-Dampfer „Westfalen" im Emder Außenhafen die 13 Ueberlebenden von der „Teeswood", zwar ganz neu eingekleidet, aber doch sichtlich tief erschüttert von dem Erlebnis, das ihnen die tosende See 36 Stunden vorher vermittelt hatte. Es sind Männer vieler Nationen, darunter auch einige farbige Sailors, die nach englischem Brauch die Besatzung des 865-t-Schiffes gebildet hatten.

Von ihrer Fahrt, auch während des Sturms, wissen sie wenig zu sagen. Es war eine der üblichen Reisen, die sie, nicht zum ersten Male, nach Emden führte, wo die meisten von ihnen schon einigermaßen Bescheid wissen. Auch bei der ersten Grundberührung haben sie sich wenig gedacht, denn die Möglichkeit, daß ihr Schiff wieder flott würde, war ja durchaus gegeben. Sie hatten damit allerdings die Rechnung ohne die unbewegliche, schwere Ladung gemacht, die beim Auflaufen so stark auf die Verbände des Schiffes drückte, daß sie bald durchbrechen mußten, zumal dieses Schiff schon ein Alter von 35 Jahren hat.

Als ein fast überirdisches Wesen aber betrachten sie alle, wie sie im Slang aller Hafenstädte der Welt erzählen, den Vormann des „Borkum"-Rettungsbootes, Eilers, und seine Besatzung. Unentwegt und unter den größten Gefahren ist er immer wieder an das ständig kleiner werdende Schiff herangefahren und hat sie, die schon fast besinnungslos nach ihm ausschauten, einzeln von Bord geholt. Fast zwei Stunden haben die Bemühungen des Borkumer Rettungsbootes gedauert,

Kapitän Crawford und seine Männer sind dem Führer des Borkumer Rettungsbootes buchstäblich um den Hals gefallen, als sie wieder festen Boden unter den Füßen hatten. Die gesamte Besatzung ist des Lobes voll über die Rettungsmaßnahmen.

Das „Borkum"-Rettungsboot an der Untergangsstelle des englischen Dampfers, von dem nur noch die Masten aus dem Wasser ragen.
Aufn.: Wessels. „Kurier"-Klischee.

Die Presse berichtet:
(Originalbericht)

13 Männer danken Vormann Eiters
„Teeswood“-Crew in Emden - Umfassende Betreuung durch die WTAG

ms. Am Freitagvormittag, kurz nach 9 Uhr, landete der Borkum-Dampfer „Westfalen“ im Emder Außenhafen eine recht zwiespältige Fracht: Ueber seine Gangway schritt zuerst eine westfälische Schulklasse, kleine Jungen und Mädchen, die auf Borkum eine Ferienzeit verbracht hatten und noch voll waren der Erlebnisse von der tosenden See und der gesunden Luft. Dicht hinter ,ihnen aber kamen die 13 von der „Teeswood“, zwar ganz neu eingekleidet, aber doch sichtlich erschüttert von dem Erlebnis, das ihnen die tosende See 36 Stunden vorher vermittelt hatte. Es sind Männer vieler Nationen, darunter auch einige Farbige, die die Besatzung des 865-t-Schiffes gebildet und sicherlich schon manchen Sturm erlebt hatten, ohne daß ihnen gerade das Schiff unter den Füßen weggerissen wurde. Einige von ihnen haben nicht unwesentliche Verletzungen davongetragen, mit geschwollenen Gesichtern, Pflastern und Verbänden findet man sie hier vor, ehe sie in die Kraftwagen steigen, die ihnen die WTAG zum Außenhafen geschickt hat. Vorher aber nahmen die Beamten der Paßstelle Kapitän Samuel John Crawford, einen Seemann aus Nordirland, mit, um ihm ein Visum für seine Besatzung zu geben. Die übrige Besatzung aber wurde zum „Lindenhof“ gebracht, wo man sie während des ganzen Tages verpflegte, so daß sie langsam wieder die Uebersicht über ihre Erlebnisse und die nächsten Notwendigkeiten gewinnen. Von ihrer Fahrt wissen sie wenig Zu sagen. Es war eine der üblichen Reisen, die sie, nicht zum ersten Male, nach Emden führte, wo die meisten von ihnen schon einigermaßen Bescheid wissen. Auch bei der ersten Grundberührung haben sie sich wenig gedacht, denn die Möglichkeit, daß ihr Schiff wieder flott würde, war ja durchaus gegeben. Sie hatten damit allerdings die Rechnung ohne die unbewegliche, schwere Ladung gemacht, die beim Auflaufen so stark auf die Verbände des Schiffes drückte, daß sie bald durchbrechen mußten, zumal dieses Schiff schon ein Alter von 35 Jahren hat. Sie wissen nur noch, daß die schwere See bald über das Deck lief, daß Aufbauten krachten und brachen, und daß sie plötzlich in helles Licht getaucht waren. Dieses helle Licht kam von dem großen Seeschlepper „Seefalke“, der nach den wegen seines fast 4 m betragenden Tiefganges aber nicht an das Schiff heran konnte. Als ein fast überirdisches Wesen aber betrachten sie alle, wie sie im Slang aller Hafenstädte der Welt erzählen, den Vormann. des Borkum-Rettungsbootes, Eilers, und

Vormann Eilers

sende Betreuung durch die WTAG

seine Besatzung unentwegt und unter den größten Gefahren ist er immer wieder an das ständig weiter sinkende Schiff herangefahren und hat sie einzeln von Bord geholt. Fast zwei Stunden haben die Bemühungen des Borkumer Rettungsbootes gedauert, wobei nicht zu verhindern war, daß zwei Männer zu weit von dem Schiff geschleudert wurden, so daß sie nicht mehr erfaßt werden konnten.

Ueber diese ist inzwischen die Nachricht eingegangen, daß der norwegische Dampfer „Marvel" eine treibende Leiche eine knappe Seemeile von der Tonne Emshörn gesehen hat. Das bei den Rettungsarbeiten nicht unbeschädigte Borkumer Rettungsboot, das Motorrettungsboot von Juist und die beiden Emder Dampfer des Wasserbauamtes, „Randzel" und „Hagen", haben die Suche sofort aufgenommen, 24 Stunden später aber noch keinen Erfolg melden können.

Wie Kapitän Crawford erklärte, konnte er bei seiner Annäherung an die Emsmündung wegen des herrschenden Wetters den Lotsendampfer nicht ausmachen. Es war ihm auch trotz der größten Bemühungen nicht möglich, gegen den Sturm anzudampfen, weil sich seine Maschine dazu als zu schwach erwies. Er hat sofort Hilferufe abgegeben, ehe sein Schiff bei der Tonne HG festsaß. Er und seine Männer sind dem Führer des Borkumer Rettungsbootes buchstäblich um den Hals gefallen, als sie wieder festen Boden unter den Füßen hatten. Die gesamte Besatzung ist des Lobes voll über die Rettungsmaßnahmen, die Fürsorge durch die Borkumer und die WTAG und die Aufnahme in Emden. Die Besatzung wird mit der Eisenbahn über Holland nach England zurückkehren. Uebrigens ist auf dem Juister Riff vor fast genau 15 Jahren ein ähnliches Unglück passiert. Der Emder Dampfer „Elise Schulte" war damals mit einer Erzladung auf Grund geraten und in der schweren See auseinandergebrochen. Auch damals hatten die Rettungsboote unter ähnlichen schwierigen Umständen ganze Arbeit geleistet.

Vormann Wilhelm Eilers inmitten seiner beiden Rettungsmänner Christoffer Müller (li.) und Folkert B. Meeuw (re.)

Die Brieftasche eines „Teeswood"-Vermißten

(OZ) **Borkum.** Wie die Wasserschutzpolizei mitteilt, wurde am Strand der Insel Borkum von einem Einwohner die Brieftasche eines der vermißten Besatzungsangehörigen des gestrandeten Frachters „Teeswood" gefunden. Aus den darin enthaltenen Papieren und Briefsachen geht hervor, daß die Brieftasche dem Neger Coffee Mensaki gehörte.

„Teeswood"-Vermißter gefunden

(OZ) **Juist.** Nach Mitteilungen der Emder Wasserschutzpolizei ist am Donnerstag gegen 10 Uhr am Südstrand der Insel Juist die Leiche des von der gestrandeten „Teeswood" im Sturm weggespülten Schiffsstewards gefunden worden. Es handelt sich um den Japaner Mun Junni.

Seemannsgrab auf dem Juister Dünenfriedhof

Am 29. November 1951 trieb die Leiche des japanischen Stewards Mun Junni auf Juist an. Am 1. Dezember 1951 fand man ebenfalls am Strand von Juist die Leiche des Südafrikaners Coffee Mensake. Unter großer Beteiligung der Inselbevölkerung wurden beide Opfer auf dem Juister Dünenfriedhof zur letzten Ruhe geleitet.

Seemannsgrab auf dem Juister Dünenfriedhof

MRB BORKUM im Wintereinsatz

Wilhelm Eilers zeigt die Strandungsstelle der TEESWOOD

Die Wachablösung 1957 durch die THEODOR HEUSS

„Schiff in Seenot!"

Den drei Rettungsmännern vom Rettungsboot „Borkum" gewidmet
Von Cornelius Scharphuis

Kochende See und Wellengetos
dort draußen am Riff ist die Hölle los —
Es heult der Nordwest in Mast und Gestänge;
o, daß doch dem Schiff noch die Einfahrt gelänge!
Sie müssen es wagen — kein Lotse an Bord,
woll´n heil sie erreichen den sicheren Port!

Durch Regenschwaden. ein Lichtstrahl bricht,
da vorne voraus kommt schon Borkum in Sicht!
Es brüllt die See — es schäumt der Gischt —
ein donnerndes Krachen — jetzt hat's sie erwischt!
Und der Funker funkt es nach Ost, Süd und Nord:
S. 0. S, — Rettet uns! — Holt uns von Bord! —

Und drüben am Lande, da wird man jetzt munter,
schon raste ein Auto zum Hafen hinunter,
Drei Rettungsleut nur — besser wärs mit fünfen und vieren,
doch jetzt gilt es rasch — keine Zeit mehr verlieren!
Und mit voller Kraft geht's in Nacht und Graus
auf befohlenem Kurs- in die See hinaus!

Augen und Sinne das Dunkel durchbohren —
Eilt Euch, Ihr Retter — sonst sind sie verloren!
Und dort, von der Scheinwerfer Strahlen erfaßt,
Das geborstene Schiff; nur noch Brücke und Mast.
Aufragend aus wuchtender Brecher Gewittern,
Aus brüllender Grundsee, Krachen und Splittern.

Seenot!“

ettungsboot „Borkum“ gewidmet

Hier hilft nicht Rakete noch Rettungslein,
Immer wieder hei ßt‘s in die Hölle hinein!
Ein Mal um das andre, sie müssen es wagen,
Sie spüren‘s, hier geht es um Kopf und um Kragen;
Und im zähen Ringen mit aller Kraft
Wird Mann auf Mann dann herübergeschafft.

Schon wieder warten auf hohem Bord
zwei Männer auf das erlösende Wort;
Da reißt eine See von den Lippen den Schrei —
ein gurgelndes Brausen — und alles vorbei —
Und stumm gehn die Blicke ins Wasser nieder:
„Ihr Armen, Euch sehen wir niemals wieder!“

Und mit fiebernder Hast, die Pulse fliegen,
Wird geschafft, bis der Letzte ist übergestiegen.
Nun wendet sich heimwärts des Schiffleins Bug,
Zu den Lieben geht schon der Gedanken Flug.
War‘s oft, als müßte die „Borkum‘ zerspalten,
Dem Himmel sei Dank! — sie blieb uns erhalten.

Wer niemals fraget nach klingendem Lohn,
Wenn in Gefahr fremder Mutter Sohn,
Wer in Nacht und Sturm und heulendem Nord,
Fremde Seeleute holte von brechendem Bord;
In des Sommers Hitz, bei des Winters Schnee,
Nie welk‘ Euer Lorbeer, Ihr Helden zur See!

sser wärs mit fünfen und vieren,
eine Zeit mehr …rlieren!

oben: Am Wrack der „Teeswood"
zwei Tage nach der Rettung

mitte:
Die Besatzung des MRB „Borkum"
Chr. Müller, Vormann Eilers, Folkert Mee

unten: Die geretteten englischen
Seeleute mit ihren Rettern

GLOSSAR

A	**achtern**	rückwärtiger Teil jenseits der Schiffsmitte (Heck = ganz achtern)
	Achterschiff	hinterer Teil des Schiffes
	anheuern, anmustern	Arbeitsvertrag für den Dienst an Bord eines Schiffes abschließen
B	**Back**	zusammenklappbarer Esstisch; Vorschiffsaufbau
	Backbord	in der Fahrtrichtung des Schiffes gesehen links. Linke Seite des Fahrzeuges oder links in See, am Himmel, an Land. Der Ausdruck stammt daher, dass auf den Langschiffen der Wikinger der Riemen (das Ruder), mit dem gesteuert wurde, an der Steuerbordseite angebracht war und der Rudergänger (Steuermann) seinen Rücken (back) der linken Seite zuwandte.
	Backbordbrückennock	die äußerste Ecke links auf der Brücke, wo oft eine Art Sattelsitz für den Wachhabenden angebracht ist
	Beaufort (Bft)	Windstärkenskala zur Einteilung von Windstärken
	beidrehen, beilegen	die Fahrt verringern und ein Schiff so gegen einen Sturm drehen, dass es wenig Widerstand bietet
	belegen	Taue, Trossen an Poller oder Belegnagel befestigen
	Boje	eine schwimmende, verankerte Fahrwassertonne. Sie zeigt die Begrenzung eines schiffbaren Fahrwassers an Rettungsboje: ein Ring, rot oder in den Reedereifarben gehalten, mit Greifleine versehen, durch Korkeinlage auf dem Wasser schwimmend. Er wird über Bord geworfen, wenn jemand außenbords fiel
	Brücke	Nautischer Leitstand des Schiffes; Kurzform für Kommandobrücke oder Brückenhaus
	Brückennock	seitliches Ende der Brücke
	Buddel	Flasche
	Bulk Carrier; Bulker	Massengutfrachter
	Bullauge	rundes, wasserdicht schließendes Schiffsfenster
	bunkern	Treibstoff an Bord nehmen

C	**Crew**	Besatzung eines Schiffes
D	**Dampfer**	Schiff, auch wenn es durch eine andere Antriebsart als mit Dampf betrieben wird
	Davits	zwei galgenähnliche drehbare Kräne, die mit dem Boot zu Wasser gelassen (weggefiert) oder aus dem Wasser hochgeholt (geheißt) werden können. Zuweilen dient ein einzelner Davit zum Heißen (Hochholen) eines Ankers. Ankerdavits, Bootsdavits
	Deck	durchgehender Stockwerksboden eines Schiffes (z.B. Oberdeck, Sonnendeck)
F	**Fallreep**	die an die Bordwand angehängte Treppe, um von oder an Bord gehen zu können
	Fender	Polster zum Schutz der Bordwand vor Beschädigungen
	Feuer	beleuchtetes Seezeichen wie Leuchttürme, Leuchtbaken, Leuchttonnen
	fieren	langsam senken, herunterlassen
	Freibord	Höhe zwischen Wasserlinie und Deck
	Freiwache	dienstfreie Zeit zwischen den Wachen
G	**Gangway**	Laufsteg zwischen Land und Schiff
	gieren	Hin- und Herdrehen des Schiffes in der Längsachse
	Großsegel	Segel am Großmast eines Segelschiffes bzw. am Mast eines Segelbootes
H	**Hebel auf den Tisch legen**	Seemannssprachlich für Volle Fahrt
	Helgolandpforte	Seiteneinstieg
	Heck	hinterster Teil eines Schiffes (Gegenstück: Bug)
	heißen, hissen	hochziehen (z. B. Flagge oder Segel)
	hieven	hochziehen, hinaufziehen
	Holzgräting	eine Art Rost aus Holzleisten, die kreuzweise ineinandergefügt wurden. Zwischen ihnen soll das Wasser ablaufen können, so dass z. B. der Rudergänger und die Wachhabenden auf der Brücke bei überkommenden Seen oder Regen möglichst trocken stehen. Sie bieten auch Schutz gegen Ausgleiten.
J	**Jakobsleiter**	Strickleiter, Fallreep
K	**Kabelgat**	Aufbewahrungsraum für Tauwerk, Stahlleinen usw., meist ganz vorn im Vorschiff gelegen

K	**Kajüte**	Wohn- und Schlafraum auf Schiffen
	kappen	abhauen, abschneiden, kürzen
	Kaventsmann	Monsterwelle
	Kiel	unterster Tragbalken von Schiffen
	Kiel-Kanal	Nord-Ostsee-Kanal
	Kimm	Horizontlinie
	Kimmkiel	zwei beidseitig der Mittschiffslinie angebrachte Kielflossen
	Knoten (kn)	Fahrgeschwindigkeit des Schiffes. 1 Seemeile (1,852 km) pro Stunde
	Klampe	Einrichtung zum Befestigen von Tauwerk an Bord
	Klüse	Öffnung in der Bordwand oder dem Schanzkleid zur Durchführung von Leinen oder Trossen; Ankerklüse für Ankerkette
	Koje	fest eingebautes Bett an Bord eines Schiffes
	Kombüse	Schiffsküche
	Kompass	Richtungsmessgerät, das freischwingend aufgehängt ist, um auch bei schlingerndem Schiff stets waagerecht zu bleiben. Die in Spiritus schwimmende Kompassrose ist wie ein Zifferblatt in 32 Striche eingeteilt, die nach den Himmelsrichtungen benannt sind, oder in 360 Grade. Ein Strich entspricht also immer etwa 11 Graden.
	Krängung	Neigung eines Schiffs zur Seite
	Kümo	Küstenmotorschiff
	kurren	mit Schleppnetzen vom Meeresgrund holen
L	**längsseits**	parallel zur Kielrichtung des Schiffes
	Lee	die dem Wind abgekehrte Seite (Luv = die dem Wind zugekehrte Seite)
	Legerwall	auflandiger Wind, Wellen oder Strömung drücken das Schiff auf Untiefen
	Leinenauge	durch Knoten geschlossenes Ende einer Leine
	lenzen	eingedrungenes Wasser aus dem Schiff pumpen (mit der Lenzpumpe)
	löschen	ein Schiff entladen
	Log	Apparat zum Messen der Geschwindigkeit eines Schiffes.
	Logis	Mannschaftsunterkunft
	Luv	dem Wind zugekehrte Seite (Lee = die dem Wind abgekehrte Seite)
	Lifebelt	Sicherungsgurt
	Lifeline	Sicherungsleine

M	**maritim**	das Meer betreffend
	Moses	Schiffsjunge
N	**Nautik**	Schifffahrtskunde
	Niedergang	Treppe
	Nipptide	niedrig ausfallendes Hochwasser und hohes Niedrigwasser (geringer Tidenhub);tritt auf, wenn Mond und Sonne in Quadratur stehen, d. h. aus Sicht eines irdischen Beobachters einen Winkelabstand von 90° haben (bei Halbmond bzw. im ersten und letzten Mondviertel)
P	**Pantry**	Anrichte eines Schiffes. Besonderer Raum in der Nähe einer Messe (Aufenthalts- und Essraum). In der Pantry befindet sich das Tafelgeschirr. Hier werden die Mahlzeiten angerichtet
	Persenning	auch Presenning oder Presennig, ein zugepasster Bezug aus festem, unter Umständen geteertem Segeltuch, für Decksöffnungen, Kappen, Oberlichter, Steuerräder, Segelboote und an Oberdeck stehende Ladung wie Autos, Maschinen usw.
	Pier	Anleger, Hafendamm, Landungsbrücke
	Plicht	das- meist im hinteren Teil eines Bootes liegende - Cockpit
	Poller	Metallpfeiler an der Pier zum Festmachen des Schiffes
	Prahm	Lastkahn, kastenförmig und nur an den Enden schiffsartig geformt, zur Aufnahme von Stückgut, Erz, Kohlen usw. Dient als Transportfahrzeug und muss geschleppt werden
	pullen	rudern
	Pütz	kleiner Eimer zum Wasser schöpfen
R	**Rah**	eine waagerecht am Mast gefahrene Spier (Stange aus Holz oder Metall), an der das Rahsegel (viereckiges Segel) eines Segelschiffes aufgehängt ist. Bei Dampfern laufen die Signalleinen für die Signalflaggen zu einer Rah.
	Reep	Seil, Tau
	Reling	früher auch Reeling, die um ein oberes Deck laufende Umzäunung
	Riemen	Ruder (-blatt) zum manuellen Antrieb

	Ruder	Steuervorrichtung eines Bootes oder Schiffes
	Rudergänger	der Mann, der hinter dem Ruder (Steuer) steht und das Schiff steuert, d. h. auf dem befohlenen Kurs hält. Wird meist nach zwei Stunden abgelöst.
S	**Schanzkleid**	Erhöhung der Bordwand über ein freiliegendes Schiffsdeck hinaus
	schlingern	seitliches Schaukeln des Schiffes zwischen Steuer- und Backbord
	Schott	Stahltrennwände im Schiffsrumpf
	Seefallreep	siehe Jakobsleiter; Tauleiter mit hölzernen Stufen
	Seemeile	auch einfach Meile, ist das Längenmaß, mit dem der Seemann arbeitet. Teile eines Meridiangrades, also eine Meridianminute, abgerundet: 1852 m
	Segellast	siehe Kabelgat
	Smut, Smutje	Schiffskoch
	Speigatt	Abflussöffnung im Schanzkleid von Schiffen, durch die Regenwasser oder übergekommene Gischt wieder ins Wasser abgeleitet wird
	Spierentonne	eine rote, lange Tonne, die heute die Backbordseite eines Fahrwassers bezeichnet. Vor 1952, zur Zeit als die TEESWOOD strandete, lagen die roten, langen Spierentonnen an der rechten Seite eines Fahrwassers, wenn man von See kam. Seit 1952 sind diese roten Spierentonnen auf die linke, die Backbordseite eines Fahrwassers verlegt worden
	Spill	Winde zum Hieven von Ankern oder Lasten
	Springtide	besonders hohes Hochwasser und niedriges Niedrigwasser (großer Tidenhub); tritt auf, wenn Sonne, Mond und Erde auf einer Linie liegen (Vollmond und Neumond)
	stampfen	Ein- und Austauchen des Schiffes bei Seegang in Längsrichtung
	Steuerbord	rechte Schiffsseite, von achtern gesehen, nachts durch grünes Licht gekennzeichnet
	Steven	die vordere (Vorsteven) und hintere (Achtersteven) Begrenzung des Schiffsrumpfes
	Süllbord	aufrechte Einfassung des Decks
	streichen	Segel oder Flagge einziehen
	Strich	32. Teil oder 11,25° des Kompasskreises (8 Strich: 90°; 32 Strich : 360°)
	Süllbord	aufrechte Einfassung des Decks

T	**Talje**	Flaschenzug
	Tampen	Stück oder Ende eines Taus
	Tide	gesamter Gezeitenablauf von Flut und Ebbe
	Typhoon	sehr lautes Signalhorn
V	**verholen**	ein Schiff an einen anderen Liegeplatz bringen
	Verklicker	Windanzeiger auf einem Segelboot
	verschallen	Ladung festmachen und sichern
W	**Wache**	Arbeitsschicht des Seemannes
	Wahrschau	Warnruf „Achtung“
	Winsch	nur in eine Richtung drehbare Winde

Yacht in

Hermann Marwede

ILLUSTRATIONEN

BILDNACHWEIS

DGzRS

Wilhelm Eilers
zur Verfügung gestellt von seinem Sohn Hermann Eilers

Christoffer Müller

National Maritime Museum Greenwich

Wolf Schneider

Jörg Zogel

Bei einigen historischen Aufnahmen
liegen uns leider keine Quellenangaben vor

DIE KOCHENDEN SEENOTRETTER

205 Seiten
PREIS: 24,80 EURO

ISBN: 978-3-9812209-8-8

Wolf Schneider

DIE KOCHENDEN SEENOTRETTER

Kapitän Karl Friedrich Brückner
Klaus-D. Wybrands

Rund um die Uhr sind die Seenotretter der Deutschen Gesellschaft zur Rettung Schiffbrüchiger im Einsatz, und das seit 1865. Unter ihnen sind viele Borkumer, die von der westlichsten Station aus in der Nordsee ihren Dienst tun. Zwei von ihnen sind Kapitän Karl Friedrich „Fritz“ Brückner und Klaus Wybrands. Fritz war seit 1973 einer der festangestellten Rettungsmänner und von 1976 bis 2001 als Nachfolger des legendären Wilhelm Eilers Erster Vormann der „Georg Breusing“ und später der „Alfried Krupp“. Klaus Wybrands ist einer der vielen freiwilligen Rettungsmänner, die ehrenamtlich eine wichtige Funktion an Bord der Rettungskreuzer erfüllen. Beide gehören zu den Männern, die rausfahren, um Leben zu retten und oftmals ihr eigenes dabei riskieren. Die See ist unberechenbar, und das wissen Fritz Brückner, Klaus Wybrands und ihre vielen Kollegen. Jeder, der das Leben am Meer liebt, weiß, wie schön es ist. Aber es ist auch mächtig und hinter dem strahlenden Antlitz auch sehr gefährlich. Während ihrer jeweils 14 Tage dauernden Wache leben sie an Bord zusammen, Tag und Nacht. Einen festen Smut oder einen Steward gibt es nicht, das machen sie selber. Besonders gerne und gut kochen Fritz und Klaus. Retten ist Präzisionsarbeit, eine Frage der Routine und Erfahrung. Und das gilt auch für das Kochen an Bord, unter beengten Bedingungen, oft unterbrochen durch Einsätze auf See. Daraus ist die Idee entstanden, vom Leben an Bord und von den Einsätzen zu erzählen. Und die Rezepte zu beschreiben, die „Leib und Seele“ der Männer an Bord zusammengehalten haben. Fritz, Klaus und der Berliner Journalist Wolf Schneider kamen gemeinsam zu dem Entschluss, auf dieser Grundlage ein Buch zu schreiben. Bei zahlreichen Kannen Tee haben sie in fast zwei Jahren viele Stunden zusammengesessen. Fritz und Klaus haben von ihrer spannenden Arbeit an Bord erzählt, Wolf Schneider hat zugehört und alles aufgeschrieben. Gewidmet haben die drei Autoren das Buch allen Borkumer Rettungsmännern, die seit 1862 ihren ehrenvollen und gefährlichen Dienst verrichten. Denn sie kennen ihren Auftrag: Menschen zu retten aus Sturm und Not.

BORKUMS SCHÄTZE DER NATUR

324 Seiten
PREIS: 19,80 EURO

ISBN: 978-3-9812209-3-3

Claudia Thorenmeier

BORKUMS SCHÄTZE DER NATUR

Die Insel Borkum bietet Meer und Seegang, Sonne und Wind und ein ausgesprochen maritimes Klima. Das als Wärmespeicher wirkende Nordseewasser und Ebbe und Flut prägen das Leben auf der Insel. Ihr Zusammenspiel schuf die Borkumer Natur: die Dünen und Salzwiesen, das Grünland, die Strände und das Watt. Völlig unterschiedliche Lebensräume liegen eng nebeneinander und deshalb ist auf der Insel eine besonders große Vielfalt an Pflanzen und Tieren anzutreffen. Claudia Thorenmeier, Biologin und Naturliebhaberin, lebt seit vielen Jahren auf Borkum. Sie beschreibt in ihrem Buch den unglaublichen Reichtum von Flora und Fauna auf der Insel. Mit großer Fachkenntnis hat sie das neue Standardwerk über die Borkumer Natur geschaffen. Wie sind die Tiere auf die Insel gekommen, wie haben sich die Planzen und Bäume angesiedelt und vermehrt? Wie lebt der Mensch in diesem sensiblen Umfeld zwischen Natur und Zivilisation? Die Autorin gibt darauf die Antworten.

Das Besondere an diesem Buch ist aber nicht nur die ausführliche und akribische Beschreibung der Natur. Die Autorin gibt auch Vorschläge, wie Feriengäste und Borkumer eigenständig diese wunderbare Borkumer Landschaft durch Wanderungen und Fahrradtouren erkunden können. Für acht ausführlich beschriebene Touren durch die gesamte Naturwelt Borkums werden ausführliche Wegbeschreibungen und die Dauer der Touren als Geh- oder Fahrzeit mit dem Rad angegeben. Exakte Hinweise zur Beobachtung der Tier- und Pflanzenwelt eröffnen dem Besucher völlig neue Blickwinkel auf die Borkumer Natur. Claudia Thorenmeier beschreibt die Strandwege zu Robben und Muscheln. Die endlosen Strände und weiten Dünen zwischen Ostland, Muschelfeld und Waterdelle sind ebenso Ziele wie der Wald und die Heide der Greunen Stee. Sie zeigt uns die Strandvögel und Salzwiesen zwischen Deckwerk und Ronde Plate und lädt zur Vogelbeobachtung im Watt und im Grünland ein. Die weite und endlose Landschaft am Hoge Hörn ist ebenso eine Tour wie die Entdeckung der Natur in der Stadt Borkum und auf der Reede am Hafen.

128 Seiten
PREIS: 9,80 EURO

ISBN: 978-3-9812209-6-4

Barbara Reeh

OKKOS BORKUM

Die 33 kurzen in sich abgeschlossenen Geschichten für Jung und Alt geben das Insulanerleben, wie es sich vor über fünfzig Jahren abspielte, wieder. Im Mittelpunkt steht Okko, ein wacher, pfiffiger Borkumer Junge im Grundschulalter. Die „gute alte Zeit" war es gewiss nicht damals: Der Zweite Weltkrieg war noch nicht lange vorbei, viele Insulaner hatten keine Arbeit. Umso willkommener waren die vergleichsweise wohlhabenden ersten Sommergäste. Im Umgang mit ihnen werden Okko die ärmlichen Verhältnisse in seinem Borkumer Umkreis bewusst. Diese Gegensätze führen zu drolligen Reibereien und komischen Begebenheiten. Handlungstreibender Ort aller Okko-Geschichten ist Borkum im Wechsel der ausgeprägten Jahreszeiten. Im bunten Treiben der kurzen hochsommerlichen Strandsaison drehte sich alles um die Kurgäste. Bald danach jedoch blieben die Insulaner unter sich, bei ihrem Tee, bei ihren Festen. Wenn sich in der dunklen Jahreszeit stärker auch die bedrohliche Seite des Inseldaseins zeigte - mit Stürmen, Schiffsunglücken, Hochwasser, Kälte auch im Haus -, versank die Insel im Winterschlaf: brettervernagelte Fenster, Leerstand, Abgeschiedenheit, bisweilen Tristesse, und die Insulaner zogen sich mehr und mehr in ihre noch unkomfortablen Häuser zurück. Eis und Schnee lockten nur die Kinder an Dünen und Strand. Im Frühling aber herrschte wieder überall Aufbruchstimmung: Vorbereitung der nächsten Saison, Wiedererwachen, Vorfreude.

Okkos Borkum steht für viele Insulaner. Die älteren Borkumer können mit diesen Geschichten eine Reise in die eigene Kindheit antreten. Die Erlebnisse des kleinen Insulaners hier hätten sicher die ihren sein können: Strickbadehosen, Sandburgen, Kofferfahren, Altmetall, Bunker, Banden, Klaasohm, Sturm, Strandjen, Eisblumen, Kratzstrümpfe, bedrohliche Nordsee, Schövels, Osterfeuer, Hausgeburt,... Viele zeittypische Beschreibungen wecken wohl auch bei Festländern lang zurückliegende Kindheitserinnerungen. Auf solche persönlichen Erzählungen warten viele Jüngere gespannt. Und wie es damals auf Borkum zuging, lassen sie sich gern vorlesen: Die recht kurzen Geschichten aus Okkos Borkum eignen sich gut dazu.

PROJEKT ZUKUNFT: ENERGIE UND WASSER

118 Seiten
PREIS: 9,80 EURO

ISBN: 978-3-9812209-2-6

Patrick Schneider

PROJEKT ZUKUNFT: ENERGIE UND WASSER

Energie und Wasser sind für uns Menschen lebensnotwendig. Ohne Energie wären elektrisches Licht, Fernsehgeräte, Computer oder Stereoanlagen reines Wunschdenken. Leben, Lesen und Lernen wären nicht möglich. Wasser hat eine fast noch größere Bedeutung – denn besonders Süßwasser ist ein kostbares Gut für Menschen und Grundlage allen Lebens.

Der Journalist und Autor Patrick Schneider hat dieses Thema besonders für Kinder und Jugendliche aufbereitet. Auch deren Eltern, Lehrerinnen und Lehrer finden durch die inhaltlich-didaktische Aufbereitung einen wertvollen Leitfaden, das Zukunftsprojekt Energie und Wasser zu behandeln.

ENERGIE
- Energienutzung
- Energieversorgung
- Erneuerbare Energien
- Der Energiemarkt in Deutschland
- Energie sparen und Umweltschutz

WASSER
- Lebensgrundlage Wasser
- Wasserkreislauf
- Süßwasserkreislauf auf Borkum

BURKIS ABENTEUER

Mit Burkis Abenteuern beginnt für jedes Kind ein großes Lese- und Sammelerlebnis.

Auf einer wunderschönen Insel mitten im Meer wohnt ein kleiner blauer Wal namens Burki...Er liebt das Meer, den Strand und besonders das Watt, wo viele seiner Freunde wohnen. Burki ist ein aufgeweckter junger Wal, der seine Zeit am liebsten mit seinen Wattfreunden verbringt. Mit ihnen erlebt Burki regelmäßig spannende Abenteuer und es wird garantiert nie langweilig. Burki ist sehr hilfsbereit und stets darum bemüht, dass es seinen Freunden, Bekannten, Borkumern sowie Gästen gut geht und dass es ihnen an nichts fehlt. Um das zu erreichen, scheut der kleine blaue Wal keine Mühen, legt sich schon mal nachts als Detektiv auf die Lauer, greift dem Inselbäcker unter die Arme oder geht auf große Schatzsuche.

Im Buchhandel und beim BurkanaVerlag erhältliche Abenteuer:

BURKI UND DER SCHATZ IM WATTENMEER

Die Krabbe Krusti berichtet Burki von einem spannenden Geheimnis, das man sich auf dem Meeresgrund erzählt. Nicht weit von der Insel entfernt soll ein Schatz versteckt sein – angeblich eine Truhe voll mit Gold und Diamanten. Natürlich machen sich Burki und seine Wattfreunde sofort auf den Weg zum Borkum Riff, um den Schatz zu bergen. Dort angekommen, erleben sie jedoch eine große Überraschung: In der Kiste finden sie kein Gold und keine Diamanten, sondern eine Karte, die sie zu einem Schatz führt, den man mit allem Gold der Welt nicht bezahlen kann. Du fragst Dich, was das wohl sein kann...?

BURKI UND DIE KOCHENDEN SEENOTRETTER

Eines schönen Tages entdecken Krusti und Marina in einem Schaukasten ein interessantes Buch über kochende Seenotretter und ihre Abenteuer. Sie wissen, dass schon Burkis Großvater als Seenotretter vielen Schiffbrüchigen das Leben gerettet hat und schenken dem kleinen blauen Wal das Buch. Beim Vorlesen läuft den Wattfreunden so richtig das Wasser im Mund zusammen und sie entscheiden sich, die Seenotretter zu besuchen. Doch plötzlich erreicht den Seenotrettungskreuzer ein dringender und verzweifelter Notruf... Werden die Seenotretter die Situation mit Hilfe der Wattfreunde meistern können – und kommen sie irgendwann noch zu ihrer köstlichen Mahlzeit?

Bei Borkumer Partnern erhältliche Abenteuer:

Burki und die verschwundenen Krümel
(Bäckerei Müller)

Burki und der Meilenlauf
(Schuhhaus Melles)

Burki auf heißer Spur
(Kaufhaus Akkermann)

Burki und das Geheimnis der chinesischen Blätter
(Omas Teestübchen)

Burki und das geheimnisvolle Strandgut
(Kiki Kids Outlet)

Burki und die Suche nach Bella
(Tourist Info)

Burki und die große Heldentat
(AG „Ems“)

Burki und der Sommersturm
(Restaurant Bauernstuben)

Burki und der Spaß am Schwimmen
(Gezeitenland)